乡村人居环境营建丛书

浙江大学乡村人居环境研究中心

王 竹 主编

U0242676

韶山试验——
乡村人居环境有机更新方法与实践

钱振澜 著

国家自然科学基金重点资助项目："长江三角洲地区低碳乡村人居环境营建体系研究"（51238011）

东南大学出版社
SOUTHEAST UNIVERSITY PRESS
·南京·

内 容 提 要

本书立足于"韶山华润希望小镇"项目,理论联系实践,综合探究适应当前乡村振兴战略的乡村人居环境有机更新方法。从秩序与功能角度,确立乡村人居环境的建筑学新认知体系;以有机秩序修护、现代功能植入为内核,提出乡村经济社会发展导向的人居环境有机更新理念;以低度干预、本土融合、原型调适为路径,建构乡村人居环境的营建方式;以"乡村更新共同体"为载体,建立有机更新的合作机制。

本书可供建筑学、城乡规划学等相关专业人士阅读参考,也可供相关专业师生学习参考。

图书在版编目(CIP)数据

韶山试验:乡村人居环境有机更新方法与实践/钱振澜著. —南京:东南大学出版社,2017.11

(乡村人居环境营建丛书/王竹主编)

ISBN 978-7-5641-7469-9

Ⅰ.①韶… Ⅱ.①钱… Ⅲ.①乡村—居住环境—研究—韶山市 Ⅳ.①X21

中国版本图书馆 CIP 数据核字(2017)第 270814 号

书　　名:韶山试验——乡村人居环境有机更新方法与实践

著　　者:钱振澜

责任编辑:宋华莉

编辑邮箱:52145104@qq.com

出版发行:东南大学出版社

出 版 人:江建中

社　　址:南京市四牌楼 2 号(210096)

网　　址:http://www.seupress.com

印　　刷:南京玉河印刷厂

开　　本:787 mm×1 092 mm　1/16　印张:10.25　字数:236 千字

版 印 次:2017 年 11 月第 1 版　2017 年 11 月第 1 次印刷

书　　号:ISBN 978-7-5641-7469-9

定　　价:46.00 元

经　　销:全国各地新华书店

发行热线:025-83790519　83791830

序

    这本书源自于钱振澜 2015 年完成的博士学位论文《韶山试验——乡村人居环境有机更新方法与实践》。他从建筑学本科大四开始,到后来攻读硕士、博士,我都是其指导老师。多年来,他一直跟随乡村人居环境营建研究团队开展科研和实践工作。钱振澜从 2007 年硕士阶段伊始,就接触并逐渐深入乡村规划设计领域。2010 年,他进入博士阶段后,用 4 年时间全程参与了"韶山华润希望小镇"的共建项目。在此期间,他完整地了解了村(镇)规划设计及建设的推进过程,深度参与了从整体到微观、从政策到实施等各个层面的工作内容,也真实体会到乡村建设面临的痛点和难点。同时,韶山项目有着"人居环境-产业发展-社会治理"的多维视野,其促发展、重保护的操作手法又具备一定的代表性和独特性。因此,在与他多次交流讨论之后,便很自然地确立了以村落经济社会发展为导向的人居环境"有机更新"作为其研究方向。事实证明这一选择是正确的,博士毕业后,他又跨学科进入浙江大学农林经济管理博士后流动站,更加关注乡村建设的本真,涉及乡村的经济、社会、环境与空间等综合领域,并获得了国家自然科学基金青年科学基金、教育部人文社会科学青年基金等研究资助,在"精准乡建"的探索中亦逐渐有所斩获。

    乡村发展,仰赖于同城市之间的资源、资金等交换。中华人民共和国成立后的几十年中,为了支持国家的工业化、城镇化,相对弱势的乡村主要扮演着输出、贡献的角色,城乡之间的交换是长期失衡的。近年来,中国城镇经济获得长足发展、中产阶层兴起、新需求不断产生、现代交通和信息手段在乡村中持续渗透,这为城乡交换的"再平衡"创造了契机,也为乡村经济社会振兴提供了良好条件。在此背景下,乡村人居环境的既有"有机秩序"和不断提升的"现代功能",两者结合,就很有可能推动乡村"新价值体"产生,并基于城市中产阶层的新需求建立均衡的"新型城乡交换"体系,从而助力农民增收和乡村振兴。因此,乡村人居环境建设并非孤立的建筑学或规划学问题,必然要与乡村经济社会的全面发展紧密结合。

    在我国乡村建设正处于全面开展的时代背景下,本书作者以促进经济社会发展为目标导向,立足"韶山华润希望小镇"的代表性实践案例,探索科学的乡村人居环境营建理论和方法,具有重要的学术价值和现实意义。

    希望钱振澜在其后续的学术研究与实践工作中能有更多的探索和成就。

王竹

2017 年 6 月 1 日于求是园

前　言

乡村是中国历史长河中永远无法绕开的"根"。中华人民共和国成立以后,特别是改革开放以来,乡村建设取得了长足进步和丰硕成果。特别是 21 世纪以来,中国人口城镇化率已过半,跻身世界第二大经济体,"以城带乡、以工促农"的新阶段全面开启。

但是,中国乡村就总体而言依然面临着人居环境和经济社会发展的双重困境,且以经济社会困境为根本。因此,从建筑学、城乡规划学角度出发,在提升乡村居住生活硬件水平的基本要求之上,当前乡村人居环境建设应该以推动乡村经济社会发展和振兴为根本导向。但是,当前国内理论研究对此并未作出足够的回应,存在人居环境建设理论与推动乡村经济社会发展目标相脱离的问题;在实践上也屡现不顾乡村发展客观规律的误区现象和行为。同时,乡村在总体上所面临的人居环境和经济社会发展双重困境,又因广袤中国的东中西部、南北方差异,各地在具体形式和程度上存在区别,难以一概而论。因此,本书以位处国家"中部地区"的"韶山华润希望小镇"乡村建设实证案例为依托,冀一定程度上平衡各地乡村建设在自然、经济、社会等方面的基础差别,提供有价值的参考。

"韶山华润希望小镇",是由笔者亲自参与规划设计、现场服务的项目。该项目自 2010 年立项至基本建成,以及后续的产业帮扶、社会治理等实验内容持续长达 7 年以上,取得了积极的成果。类似案例在国内并不多见,可以说具有一定的开创性和代表性。

本书立足于"韶山华润希望小镇"项目,从理论到实践,综合探究以推动乡村经济社会发展为根本导向的人居环境有机更新方法。主要内容如下:

第 1 章,绪论。介绍研究背景,提出本研究所关注的乡村人居环境建设问题,并介绍研究对象、相关概念、研究方法、意义和可能的创新点。

第 2 章,国内外实践与研究述评。对国内外实践与研究进行评述,寻找本研究的立足点与依据。

第 3 章,以经济社会发展导向的乡村人居环境有机更新理念。从建筑学专业角度重新认知乡村人居环境。基于该认知结果,阐述乡村人居环境现状,以及当前建设误区所导致的隐患。阐述已经初露端倪的城乡交换趋势,以此为背景,指出乡村人居环境作为价值载体进入新阶段城乡交换的必备特征条件,并按照该特征条件要求,给出乡村人居环境有机更新理念,同时将此理念与城市有机更新进行关联分析,为其"正名"。

第 4 章,"韶山试验"基地现状及其更新策略与途径。交代选择小镇基地的初衷,包括选址类型、代表意义、预设条件,以及基地经济社会背景;对基地乡村人居环境现状秩序与功能方面的问题进行详细剖析;并根据有机更新理念的指导,从营建方式与合作机制两方面进行具体的策略建构。

第 5 章,"韶山试验"营建方式与内容。从实践角度出发,主要讨论了村域整合的"低度干预"、公共建筑设计营造的"本土融合"、农宅更新的"原型＋调适"等三方面的实际操作要求、原则和措施等。

第6章,"乡村更新共同体"的机制与效能。从实践角度出发,具体剖析和总结该共同体在小镇基地人居环境有机更新过程中的基本架构及其内部关系,主要工作内容与方式,以及在共同体运作的基础上,推动基地经济社会可持续发展与振兴的"溢出效应"。

第7章,结论。对本研究成果作概括、提炼、总结,指出研究的不足和未来继续努力的方向。

本书通过"以小见大"的方式,为当前紧迫而问题多现的乡村(特别是原生农业型乡村)人居环境建设,提供了一个比较翔实的实证研究样本。这对充实"乡村建筑学"的相关理论,促进乡村的人居环境乃至经济社会全面、健康、长远发展,可能具有一定的借鉴意义。

受笔者学识所限,错谬之处在所难免,恳请同行专家、广大读者批评指正。

钱振澜

2017 年 10 月

浙江大学乡村人居环境研究中心

　　农村人民环境的建设是我国新时期经济、社会和环境的发展程度与水平的重要标志,对其可持续发展适宜性途径的理论与方法研究已成为学科的前沿。按照中央统筹城乡发展的总体要求,围绕积极稳妥推进城镇化,提升农村发展质量和水平的战略任务,为贯彻落实《国家中长期科学和技术发展规划纲要(2006—2020年)》的要求,为加强农村建设和城镇化发展的科技自主创新能力,为建设乡村人居环境提供技术支持。2011年,浙江大学建筑工程学院成立了乡村人居环境研究中心(以下简称"中心")。

　　"中心"主任由王竹教授担任,副主任及各专业方向负责人由李王鸣教授、葛坚教授、贺勇教授、毛义华教授等担任。"中心"长期立足于乡村人居环境建设的社会、经济与环境现状,整合了相关专业领域的优势创新力量,将自然地理、经济发展与人居系统纳入统一视野。截至目前,"中心"已完成120多个农村调研与规划设计项目;出版专著15部,发表论文200余篇;培养博士30人,硕士160余人;为地方培训3 000余人次。

　　"中心"在重大科研项目和重大工程建设项目联合攻关中的合作与沟通,积极促进了多学科的交叉与协作,实现信息和知识共享,从而使每个成员的综合能力和视野得到全面拓展;建立了实用、高效的科技人才培养和科学评价机制,并与国家和地区的重大科研计划、人才培养实现对接,努力造就一批国内外一流水平的科学家和科技领军人才,注重培养一批奋发向上、勇于探索、勤于实践的青年科技英才。建立一支在乡村人居环境建设理论与方法领域方面具有国内外影响力的人才队伍,力争在地区乃至全国农村人居环境建设领域处于领先地位。

　　"中心"按照国家和地方城镇化与村镇建设的战略需求和发展目标,整体部署、统筹规划,重点攻克一批重大关键技术与共性技术,强化村镇建设与城镇化发展科技能力建设,开展重大科技工程和应用示范。

　　"中心"从6个方向开展系统的研究,通过产学研的互相结合,将最新研究成果运用于乡村人居环境建设实践中。(1)村庄建设规划途径与技术体系研究;(2)乡村社区建设及其保障体系;(3)乡村建筑风貌以及营造技术体系;(4)乡村适宜性绿色建筑技术体系;(5)乡村人居健康保障与环境治理;(6)农村特色产业与服务业研究。

　　"中心"承担有两个国家自然科学基金重点项目——"长江三角洲地区低碳乡村人居环境营建体系研究""中国城市化格局、过程及其机理研究";四个国家自然科学基金面上项目——"长江三角洲绿色住居机理与适宜性模式研究""基于村民主体视角的乡村建造模式研究""长江三角洲湿地类型基本人居生态单元适宜性模式及其评价体系研究""基于绿色基础设施评价的长三角地区中小城市增长边界研究";四个国家科技支撑计划课题——"长三角农村乡土特色保护与传承关键技术研究与示范""浙江省杭嘉湖地区乡村现代化进程中的空间模式及其风貌特征""建筑用能系统评价优化与自保温体系研究及示范""江南民居适宜节能技术集成设计方法及工程示范""村镇旅游资源开发与生态化关键技术研究与示范"等。

目　　录

1 绪 论

　　乡村是中国历史长河中永远无法绕开的"根"。她承载着中华民族 5 000 年的文明积淀,是 21 世纪实现中华振兴的基础。

　　然而,自清末始,乡村因内外部多重因素而无奈遭受持续破坏。中华人民共和国成立后乡村又成为快速工业化和城镇化的"血库"、社会与经济波动的"稳定器"。经历百年沧桑,今日乡村已过度透支。特别是 20 世纪末以来,乡镇企业大量亏损倒闭和私有化、城市土地财政勃兴以及 WTO 国际农产品价格压制等因素,更是对乡村整体产生逆转性不利影响。

　　严峻形势下,乡村成为国家政策重心。2004 年始,每年中央 1 号文件持续聚焦"三农"。2006 年,废除农业税并提出新农村建设重大历史任务;2008 年颁布实施《城乡规划法》;2013 年底,中央农村工作会议更是明确提出切实扶持农民以解决未来"谁来种地"等核心问题[①],说明"三农"问题已经接近极限。2017 年,党的十九大又着重提出"乡村振兴""城乡融合发展""农业农村现代化"等新时代重要乡村建设方略。

　　当前,乡村正处于转折时期。一是,中国城镇化、工业化发展,推动城乡关系进入以城带乡、以工促农的新阶段。二是,中国乡村面临迅速消亡,自然村数量从 2000 年 354 万锐减至 2010 年 273 万[②]。再就是,中国乡村人口未来长期保持 5 亿～6 亿以上的庞大规模,但是中国又面临着到 2020 年实现全面小康社会的艰巨战略目标。因此,在人多地少、城乡二元的现实条件下,尽快振兴乡村,是当务之急。

1.1　问题的提出

1.1.1　乡村的人居环境和经济社会双重困境

　　总体来讲,乡村现状可以分为硬件、软件两个考量方向。前者指人居环境,后者是经济社会。当前,这两方面在"美丽乡村"建设、"精准扶贫"事业推动下,虽然有了明显改善,但相关工作依然任重道远。

　　乡村人居环境的严峻现实不仅表现在原生农业型自然村落个体的大量快速减少,更重要的是现有自然村落中延续千百年的原生秩序在市场化、现代化、全球化浪潮中正在被逐渐

---

　　① 注:新华社 2013 年 12 月 24 日关于中央农村工作会议发表社论,原文节录如下:"关于'谁来种地',会议指出,解决好这个问题对我国农业农村发展和整个经济社会发展影响深远。核心是要解决好人的问题,通过富裕农民、提高农民、扶持农民,让农业经营有效益,让农业成为有奔头的产业,让农民成为体面的职业,让农村成为安居乐业的美丽家园。……农村是我国传统文明的发源地,乡土文化的根不能断,农村不能成为荒芜的农村、留守的农村、记忆中的故园。"
　　② 中华人民共和国住房和城乡建设部. 中国城乡建设统计年鉴(2010)[M]. 北京:中国计划出版社,2011.

瓦解,曾经的美丽乡村人居环境正在迅速消逝。不仅如此,乡村的公共服务设施、基础设施、家庭生活设施等配置相比城镇总体仍然十分不足,中西部地区尤甚,导致乡村生活品质偏低,难以完整分享到现代化成果。

乡村的经济和社会也面临困境,其中前者是导致后者的直接原因。在经济方面,主要表现为城乡收入差距过大。2002 年至 2012 年,城乡居民收入比长期保持在 3 倍以上[①],乡村集体经济收益也普遍微薄。正是由于城乡收入差距过大,出现了乡村中青年劳动力过量流失现象,例如 2012 年全国进城农民工总数高达 2.63 亿[②]。这引发了留守老人、妇女和儿童等弱势群体的社会问题,并且导致乡村社会整体衰落,甚至陷入恶性循环。

乡村目前所面临的人居环境与经济社会双重困境,决定了两者应该建立相辅相成的发展关系(图 1.1)。乡村人居环境的改善应该以推动乡村经济社会的真正长远发展为目标,而经济社会的发展应能促进人居环境的可持续更新改善。然而,当前乡村人居环境建设的理念与方法尚不成熟,甚至进入误区,例如乡村社会空间过度单一集聚、搞形式主义的乡村美化运动等。这导致乡村人居环境建设实际取向与乡村经济社会长远发展发生了分裂甚至背离。

图 1.1　乡村人居环境与乡村经济社会的发展关系

(资料来源:自绘)

1.1.2　乡村人居环境建设误区

近年来,通常以新农村建设或城乡统筹发展的名义,实际以获取建设用地资源为目标的乡村社区空间过度集聚现象,有脱离实际、片面化和搞一刀切的短视倾向。在各种乡村建设误区中,其表现最突出,对乡村经济社会发展的隐患也最为严重。

它最初主要发生在建设用地供应紧张的发达地区城市近郊乡村,近年来在全国已有向中远郊乡村蔓延趋势。其表现是大量自然村落因社区空间合并而消亡,形成类似城镇住宅小区的空间格局,成为置身于乡野之上的"异类"(图 1.2)。

促发乡村社区集聚现象有多种原因,其中主要有以下几个方面:经济上,地方政府产生了对土地财政的"路径依赖";地理上,我国耕地保护红线与城镇发展适建区,两者空间高度重合,而城镇空间多年高速扩张已导致发达地区城镇建设用地指标几近枯竭;政策上,2008年颁布《城乡建设用地增减挂钩试点管理办法》,允许耕地占补平衡。此三个主要原因共同推动了政府主导的农居集聚行为,将节省出来的建设用地指标匀入城镇,并通过出让土地维

---

① 　中华人民共和国国家统计局. 中国统计年鉴 2013[M]. 北京:中国统计出版社,2013.

② 　国家统计局《2012 年全国农民工监测调查报告》

图 1.2 浙江嘉兴大桥镇某农村社区空间变迁(左:2003 年 8 月;右:2014 年 3 月)

(资料来源:谷歌地图)

持地方财政。此外,在自然景观资源较好的乡村地区,城市资本下乡开发也会促成集聚现象。投资者通常以地产、旅游、疗养等项目开发为由,地方政府配合其圈地,并将范围内的农宅统一集中安置。

社区过度集聚将对乡村经济社会造成严重隐患。在经济发展方面,乡村社区集聚过程中,虽然在基础设施、公共服务设施、住房条件等现代功能方面有显著提升,但大部分村民并不能因此获得长久而稳定的明显增收途径。甚至,因为社区集聚而永久失去历久传承的人与自然和谐的乡村人居环境资源,乡村的增收和发展潜力反而严重受损。这是因为乡村人居环境中的原生秩序特征,正逐渐成为城市特别是大中型城市的稀缺品,它与城市人居环境的互补性与日俱增。从趋势上看,这种稀缺的原生秩序能作为乡村未来长远发展的核心价值成分,产生经济效益,它很可能是乡村振兴的重要基础之一。在社会发展方面,由于社区过度集聚难以有效实现乡村增收,必然导致乡村中青年劳动力的继续大量流失,乡村社会衰弱也将持续加深。

事实上,乡村社区集聚也有积极一面,特别对十分临近城市边界、生产生活方式已经被城镇明显同化的少部分村落,可能比较适合。但是,当前这种集聚现象已经过度蔓延到了中远郊村落,很可能对乡村经济社会造成深远不利影响。

因此,在中国人口城镇化率突破 50%、中产阶层迅速扩大、乡村发展处于转折阶段等时代背景下,以推动乡村经济社会发展振兴为根本目标,乡村人居环境建设应采取什么理念,又该如何开展? 这一问题十分必要和迫切。自 2017 年,在湖南省韶山市开展多年的"韶山华润希望小镇"项目,从新的角度、以独特的方式尝试回答了这一问题。

1.2 研究对象

1.2.1 乡村的内涵

关于乡村可以有很多种解读。本研究语境中的乡村,主要从聚居方式、农业功能和地理分布作出界定。

首先,聚居方式。"乡,国离邑民所封乡也"(《说文解字》),"十邑为乡,是三千六百家为一乡"(《广雅》)。说明"乡村"具有聚居意义,是城镇以外的人类聚居空间。相比城镇,单个乡村聚落的人口与空间规模要小得多,与自然生态环境的互动关系更强烈,人际间的血缘与地缘关系更浓厚,经济社会组织的单元特征更明显。

其次,农业功能。农业是乡村的核心生产功能。农业有广义、狭义两种解读。狭义农业,仅仅指种植业,以粮食为主,包括经济作物、饲料作物和绿肥等。广义农业,除了包含狭义的种植业外,还囊括了林、牧、副、渔等多种产业形式。本书乡村的农业功能主要采取狭义,指以粮食、蔬菜等为主的种植业,也包括家禽养殖等家庭式小型兼业。

再次,地理分布。我国种植农业适宜区域的分布,决定了本研究语境中乡村的宏观地理分布。我国种植农业适宜区域分布于年均 400 mm 等降水量线①以东以南,除去高原、森林等地表区域后,我国乡村的分布如图 1.3 所示。

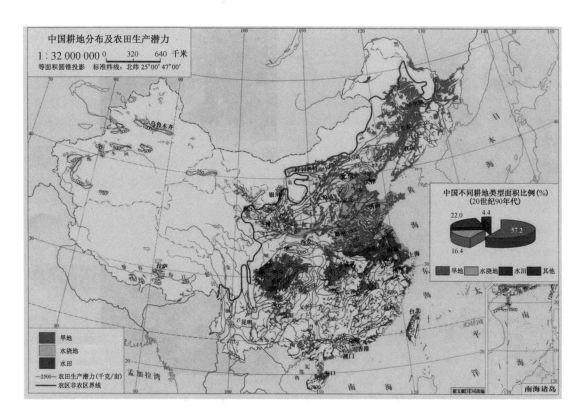

图 1.3   "乡村"地域分布示意图

(资料来源:Baidu 图库)

---

①   注:在地图上,将年均降水量 400 mm 的区域各点连接起来的线,称之为等降水量线。它是半湿润与半干旱区的分界线。年均降水量 400 mm 以上的区域能基本满足农业需要,属宜农区域,400 mm 以下的区域即便有内陆河作为灌溉源也不能成为广大的宜农区,半干旱区则主要成为宜牧区域,而干旱区域两者均不适宜。

1.2.2 本研究所关注的乡村类型

在传统社会时期的数千年发展历程中,中国一直属于农业社会,农耕文明的广布与稳定,促成了普遍存在的男耕女织、自给自足的乡村类型。进入近代社会之后,特别是改革开放以来,随着城镇化、工业化深度发展,那种普遍而相似的乡村存在类型早已被打破,出现了城镇融合型、工贸对外型、历史文化型、原生农业型等多种类型的分化。

(1)城镇融合型,指那些在城镇化扩张过程中空间被兼并、产业被深度同化的乡村。其空间形式多以城中村或集中安置小区出现,村民已失去耕地,农业已退出历史舞台,生产生活方式与城镇趋同。这些乡村在制度方面虽然保留了集体所有制,但已基本失去了传统的聚居方式和农业功能。因而,它们已不再是真正意义上的乡村。

(2)工贸对外型,以工业和商贸等二、三产业为绝对产业主导,农业已严重退化甚至消失,多见于东部及沿海发达地区,如华西村即是其典型代表。这一类乡村的分化结果虽然不及城镇融合型来得彻底,但已发生很大程度的异化和质变。因此,严格来讲,即便将它们归为乡村,也并非经典意义的乡村,只能属于"边缘"类型。

(3)历史文化型,依靠其自身优良的生态、历史文化资源,向第三产业转型。农业有所弱化或作为配角服务于历史文化产业,但依然持有相当比重。这一类乡村以国家级或省级等历史文化保护村落为主要代表(也包括那些未入保护村落行列但已逐渐被文旅开发或有开发潜力的乡村),它们虽然分布很广,但总量比较有限,例如安徽宏村等。

(4)原生农业型,指产业上依然以农业作为主导,尚未失去乡村最基本、最主要的种植农业功能,同时,其空间秩序依然在相当程度上留存了传统特征。这一类乡村在全国数量最多、分布最广。我国目前依然保有的 200 多万个自然村,大多数都属于此类型。

从经典意义上讲,很明显,只有第三、第四种类型才属于真正的乡村。但无论就数量还是重要性而言,第四种即原生农业型乡村无疑是最为突出的。它们持有我国农业生产的核心空间,是国之根基。同时,它们也是解决"三农"问题的重点和难点,当前暴露出来的乡村建设误区,也多集中于这类乡村中。因而,它们成为本研究所关注的类型焦点。

1.2.3 本研究的具体对象

本研究的具体对象是"韶山试验",即韶山华润希望小镇。这是针对两个普通村落①进行的乡村建设探索。试验选址于湖南省湘潭市韶山市(县级)境内,基地位于该市南部韶山乡境内,由韶光、铁皮两个毗连的原生农业型村庄组成。基地范围约 7.15 km²,包括 570 户农居,总在籍人口 2 506 人(其中韶光片区 1 076 人,铁皮村片区 1 430 人)。

---

① 注:韶光、铁皮两个自然村较大,均为独立行政村。

该"试验"是由华润集团①下属"华润慈善基金会"发起的系列乡村建设探索项目之一，是华润秉承"超越利润之上的追求"的企业理念，利用集团资源优势，整合社会力量，进行的一次综合性、深层次的乡村建设试验。该项目由华润慈善基金会资助、地方政府协助、浙江大学团队规划设计，2010年9月正式启动，2012年10月人居环境改造基本完成，后续产业帮扶与组织重塑等工作至2017年依然持续开展。

在此之前，华润集团已经在广西百色、海南万宁进行了两次类似的乡村建设试验。在韶山华润希望小镇以后，经验积累形成了一定体系，对河北西柏坡、北京密云、贵州遵义、福建古田、安徽金寨等后续"试验"项目产生示范影响。韶山华润希望小镇是该系列"试验"中规模最大、投资最多、影响最显著的一次。

之所以将其称为"小镇"，不仅是因为其尝试以更理性、全面、长远的方式促进乡村人居环境综合发展，而且希望在一定程度上打破行政村区划，尝试"多村一社区"发展，以推进乡村社区公共服务、基础设施、经济社会的整体建设。

研究该项目出于两个原因：首先，它在一定程度上纠正了当前乡村人居环境建设中的一些明显误区，探索了更合理的方向，具有一定代表性；其次，笔者全程参与该项目的规划设计工作，为施工建设提供现场服务，并持续跟踪其后续建设多年，掌握了较全面的一手资料，可以尝试对其总结。

1.3　研究目的与意义

1.3.1　研究目的

原生农业型乡村在国内乡村地区分布最广、数量最多，占据着种植农业的核心空间，是国之根基，也是解决"三农"问题、实现乡村振兴的重点和难点。然而，当前国内有关原生农业型乡村的人居环境建设研究成果存在着明显不足。第一，理念建立有偏失，人居环境建设尚未与推动乡村经济社会发展与振兴的根本目标产生足够的关联；第二，策略建构不全面、不贴合实际，难以从建筑学角度直接、扼要、系统地给出乡村人居环境建设的较完整且能落地的路径；第三，缺乏从实施角度的详细实证案例研究，缺乏深度。

为此，本研究首先希望在提升乡村居住和生活条件的基本要求之上，从当前国家经济发展阶段和未来新型城乡关系的大背景出发，以推动乡村经济社会发展为核心导向，从建筑学角度建立更为恰当的乡村人居环境建设理念，即"有机更新"理念。其次，依托"韶山华润希望小镇"项目，将经济社会发展导向的乡村有机更新理念，贯彻进入这一实证案例之中，建构较为系统的有机更新策略，并从实践角度给予归纳、概括与印证。同时，本研究也希望为国

---

①　注：华润（集团）有限公司，取名自"中华润之"，其前身是1938年于香港成立的"联和行"，1948年改组更名为华润公司，现由国务院国资委直接管理，是国家重点骨干企业。2011年央企绩考核排名第7，2013年世界500强排名第187位。华润集团下设消费品、电力、地产、医药、水泥、燃气、金融等7大战略业务单元及19家一级利润中心，有实体企业2 300多家，在职员工40万人。2012年集团总营业额4 046亿港币，年利润超400亿港币。华润集团下属所有产业均非垄断行业，平等参与市场竞争。

内原生农业型乡村的人居环境改造与更新提供一个翔实的样本参考,与学界和关心乡村建设之人士共同探讨其中的得失。

1.3.2 研究意义

本研究的意义主要有理论和实践两方面。

(1) 理论方面,充实"乡村建筑学"理论。乡村人居环境建设工作正式进入人们视野较晚,其理论与方法亟待充实和完善。虽然住房和城乡建设部曾发布《村镇规划标准》(1993)、《村镇规划编制办法(试行)》(2000),但主要偏重在集镇规划与建设方面,较少涉及乡村。直至《中华人民共和国城乡规划法》颁布(2007 年 10 月 28 日颁布,2008 年 1 月 1 日起施行),乡村人居环境建设工作才开始走向正轨。因此现有乡村领域的建筑学理论方法明显滞后于实践需求,导致许多地方自觉或不自觉地从城市角度、以城市模式来进行乡村人居环境建设,对乡村经济社会长远发展不利。本研究所尝试建立的以乡村经济社会发展为导向的人居环境更新方法,或可对"乡村建筑学"提供部分有益的补充。

(2) 实践方面,促进乡村人居环境与经济社会协同发展。2020 年中国将建成全面小康社会,而广大乡村是实现这一目标的重点和难点。为促进乡村发展,特别是欠发达地区乡村人居环境、经济社会的全面发展,从人居环境建设实践角度给出恰当的路径,是乡村建设任务的重要组成部分,对乡村振兴具有积极的现实意义。

1.4　研究方法与论述框架

1.4.1　研究方法与技术路线

"韶山试验"是一次系统的乡村人居环境建设实践。因此,本书总体上属于实证研究范式中的个案研究,且在定性研究层面上,与理论研究又有着一定程度的结合。具体的研究方法主要有:

(1) 解释分析。主要运用于第 4 章的乡村人居环境有机更新理念之建构。一是从建筑学角度重新认知"乡村人居环境",提出新解释。二是分析当前乡村人居环境建设误区的表现、原因及其对乡村经济社会可持续发展所造成的隐患。三是从当前时代背景角度解析城镇发展、中产阶层勃兴、城乡交换对乡村振兴的作用和意义,以及乡村人居环境更新建设应推动乡村经济社会发展的导向要求。

(2) 观察参与。笔者全面观察并深度参与了韶山华润希望小镇项目的调研、规划设计、施工建设、后期跟踪等各阶段,以便更全面地了解和理解研究对象,使研究落在实处。这是展开本研究的基本方法。

(3) 归纳总结。针对韶山华润希望小镇项目基地,进行乡村人居环境有机更新实践,并进行原则、经验的归纳和总结,以阐明和印证有机更新的理念与策略。

在总体上,本研究将按照"提出问题-建立理念-建构策略-实践与归纳-经验总结"的技术路线(图 1.4),展开以"韶山华润希望小镇"项目为依托的具体研究。

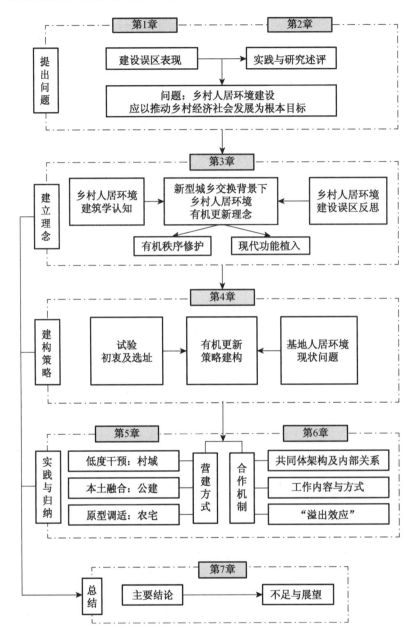

图 1.4　本研究的技术路线图

（资料来源：自绘）

1.4.2　论述框架

本研究分为七个部分。

第 1 章，绪论。介绍研究背景，提出本研究所关注的乡村人居环境建设问题，并介绍研究对象、相关概念、研究方法、意义和可能的创新点。

第 2 章，国内外实践与研究述评。对国内外实践与研究进行评述，寻找本研究的立足点与依据。

第3章,以经济社会发展为导向的乡村人居环境有机更新理念。从建筑学专业角度重新认知乡村人居环境。基于该认知结果,阐述乡村人居环境现状表现,以及当前建设误区所导致的隐患。阐述已经初露端倪的城乡交换趋势,以此为背景,指出乡村人居环境作为价值载体进入新阶段城乡交换的必备特征条件,并按照该特征条件要求,提出乡村人居环境有机更新理念,同时将此理念与城市有机更新进行关联分析,为其"正名"。

第4章,"韶山试验"基地现状及其更新策略与途径。交代选择"小镇"基地的初衷,包括选址类型、代表意义、预设条件,以及基地经济社会背景。对基地乡村人居环境现状秩序与功能方面的问题进行详细剖析。根据有机更新理念的指导,从营建方式与合作机制两方面进行具体的策略建构。

第5章,"韶山试验"营建方式与内容。从实践角度出发,主要讨论了村域整合的"低度干预"、公共建筑设计营造的"本土融合"、农宅更新的"原型+调适"等三方面的实际操作要求、原则和措施等。

第6章,"乡村更新共同体"的机制与效能。从实践角度出发,具体剖析和总结该共同体在"小镇"基地人居环境有机更新过程中的基本架构及其内部关系、主要工作内容与方式,以及在共同体运作的基础上,推动基地经济社会可持续发展的"溢出效应"。

第7章,结论。对本研究成果作概括总结,阐明研究的理论和现实意义,指出研究的不足和未来继续努力的方向。

1.5 本研究可能的创新

本研究的可能创新之处可以概括为三个方面。

(1) 建立乡村人居环境有机更新理念,将其导向推动乡村经济社会振兴的轨道,并为之提供充分的解释和证明。具体包括前后连贯的两个方面:

首先,针对乡村人居环境进行建筑学角度的分析,将其分为秩序、功能两大属性内容,并按照宏观至微观的顺序,将秩序分为格局、肌理、形制、形式四个层级,将功能分为面域、点域两个层级。并引入克里斯托夫·亚历山大(Christopher Alexander)先生提出的基于"整体与局部平衡"的"有机秩序"概念,指出有机秩序是传统乡村人居环境的重要特征。

其次,以促进乡村经济社会发展为根本导向,通过对当前国家发展背景下新型城乡交换外部契机(现代交通与信息媒介、中产阶层兴起及其新需求取向)的解释,提出乡村人居环境作为乡村内部新价值体进入新型城乡交换,以推动乡村经济社会振兴的高度可能性,并明确了有机秩序(起核心主导作用)、现代功能(起补充辅助作用)兼容并举是实现乡村人居环境新价值的必备特征条件。由此导出"有机秩序修护、现代功能植入"的有机更新理念,并将其与城市有机更新进行类比关联,指出其客体对象、初始条件、核心理念之间的互通之处,从而为乡村人居环境有机更新"正名"。

(2) 基于乡村人居环境有机更新理念,以"韶山华润希望小镇"项目为依托,建构了具体的有机更新策略,包括营建方式、合作机制两方面,并从实践出发给予充分的阐述与论证。

　　首先，根据有机秩序退化与现代功能滞后的乡村人居环境问题，有体系性地探讨了营建方式，包括：①采用"低度干预"方式进行村域整合，提出格局保育、肌理保护，及面域现代功能嵌入的具体要求、原则和措施；②采用"本土融合"方式进行公共建筑设计营造，提出单元形制、建筑形式、点域现代公共功能与基地村落、周边村落、湖湘地域的具体融合要求、原则和措施；③采用"原型＋调适"方式进行农宅更新，提出院落形制、建筑形式、居住功能三方面与乡土性、现代性、经济性要求相结合的农宅原型归纳办法，并在此基础上，提出农宅原型调适过程的现状农宅建筑质量评估与分类方法、"安全"与"加法"的农宅更新原则，以及多样模块化的菜单选择式原型调适措施。

　　其次，根据基地乡村经济社会现实困境，通过对"乡土建造""现代建造"两种合作模式的优势融合，提出了"乡村更新共同体"的合作机制，并从实践角度总结和阐述该共同体的基本架构及其内部整合关系、主要工作内容与方式，以及在该共同体长期运作基础上推动基地经济社会可持续发展与振兴的"溢出效应"。

　　（3）提供了一个比较翔实的实证研究样本。基于"韶山试验"，完整论述了乡村人居环境有机更新的理念建立、策略建构、实践总结。以小见大，为当前广大原生农业型乡村的人居环境改造与更新提供了一个具有一定借鉴意义的实证研究样本。

2 国内外实践与研究述评

建筑学科的应用导向十分突出，其研究均直接或间接地与建设实践产生关联。因此，为寻找本研究的立足点和依据，本章采取边综、边述、边评的方式，首先从国内外乡村建设实践出发，针对民国时期乡村建设运动、典型发达国家乡村建设活动、国内外乡村人居环境建设典型个案三大方面，梳理出在不同时代、不同国情下，乡村人居环境建设与乡村经济社会发展之间的侧重关系，并特别阐述当前国内乡村人居环境建设实践正朝着直接推动乡村经济社会振兴目标转向的大趋势。以该趋势为切入点，转入对国内外乡村人居环境相关研究的述评，指出国外相关研究脱离乡村本体（人居环境、经济社会）的异化现象之不可取，并特别针对国内相关研究，述评当前乡村人居环境就地改造与更新方面的研究所存在的建设理念与推动乡村经济社会发展的根本目标相分离、策略不全面或不贴合实际以及翔实的实证个案研究缺乏等三方面的不足，从而为本研究开展创立基点。

2.1 国内外乡村建设实践

2.1.1 民国时期乡村建设运动

1) 概况

民国时期发生的乡村建设运动是中国近代乡村建设的第一次高涨。乡村建设运动可以追溯到 1904 年米鉴三和米迪刚父子在河北翟城村创办的"村治"实践。它虽然是延续清末帝制统治的一种乡村改良方案，但对此后的民国乡建运动的兴起有一定影响。1920 年代中期北伐战争完成，直到日本侵华之前，该时期属于国民党治下的"黄金十年"。以城市为中心，国家得到了一定的发展。但是此前连年的军阀混战，乡村精英纷纷进入城市，以及商品贸易对外开放下的国际竞争，令中国乡村的经济与社会严重凋敝。城市与乡村之间产生过大发展差距，促使各界有识之士关注，掀起乡村建设运动。例如，梁漱溟先生在《乡村建设理论》一文中指出：乡村的无限制破坏已经令"千年相袭之社会组织构造既已崩溃，而新者未立；乡村建设运动，实为吾民族社会重建一新组织构造之运动①"。晏阳初先生则认为中国是农业大国，但中国农民普遍存在的"愚、贫、弱、私"四大病害是中国落后的原因，需要对其进行教育改造。

该背景下，乡村建设运动于 20 世纪二三十年代掀起高潮。到 1934 年，全国乡建团体达到600 多个，全国实验点达到 1 000 多处②。这些团体和实验成分复杂，美国费正清教授将其分

---

① 梁漱溟.梁漱溟全集[M].第 2 卷.济南:山东人民出版社,2005:161.
② 章元善,许仕廉.乡村建设实验(第二集)[M].上海:中华书局,1935:19.

为：西方影响、本土、教育、军事、平民和官府六个类型①。其中以河北定县晏阳初的中华平民教育促进会、山东邹县梁漱溟的乡村建设研究院、嘉陵江三峡地区卢作孚的北碚峡防局、江苏昆山徐公桥和黄炎培的中华职业教育会、南京晓庄陶行知的师范学院等最为著名。而最成功的要属卢作孚，他的北碚乡村建设从1920年代一直持续到中华人民共和国成立前夕，实验时间最长，内容最全面，涉及农业、工业、贸易、科技、交通、矿产、能源、金融、通信、文化教育、医疗卫生、体育、市容环境等领域。卢作孚先生的乡建核心理念是"乡村现代化"，采取了以经济建设为中心，以交通建设为先行，以北碚城市化为带动，以文化教育为重点的综合建设方式②。此外，晏阳初、梁漱溟等先生的实践主要偏重于平民或职业教育，其乡建理论和教育事业为乡村培养了大批人才。

由于战争与政治因素，民国时期轰轰烈烈的乡村建设运动最终归于平静。但这些仁人志士为国家救亡图存、社会革新方面作出的努力，给中华人民共和国成立后乃至当前的农村建设积累了宝贵经验。

2) 民国乡建运动与当前新农村建设比较：以推动乡村经济社会发展为根本

民国时期出现的黄金十年，城市经济迅速发展，城乡之间出现了巨大分化，乡村严重破落萧条，甚至解决不了温饱问题，这促发了乡村建设运动，也决定了这次乡村建设高潮的核心目标是振兴乡村经济社会。与之类似，中华人民共和国成立后，国家被迫长期通过对乡村的人口红利、资源环境、剩余价值等过度提取来实现高速工业化与城镇化发展，致使城乡收入差距过大、乡村社会衰弱等严峻局面，这是当前提出"新农村建设"促成近代以来乡村建设第二次高潮的根本原因。从党的十九大提的"产业兴旺、生态宜居、乡风文明、治理有效、生活富裕"五方面的乡村振兴要求来看，有关经济社会方面占到了四条，成为重中之重。

虽然这两次相距近百年的乡村建设，其根本目标均指向了乡村经济社会振兴，但是其最终成果必然不同。因为民国时期乡建运动是国内军阀战争平息后进行的，当时全国90%的人口在农村，纵然少数城市发展迅速，但综合国力内耗过度，国家整体工业化进程和经济发展严重滞后，而且政治上仅仅是表面统一，内部派系林立。该背景下，以10%较富裕城市人口来支撑90%的贫困农村人口之脱贫与富强，即便没有日本侵华战争影响，依然任重道远。但21世纪的今天，中国城市人口比例超过50%，经济总量位居世界第二，贸易总额世界第一，拥有全球最大和最完整工业体系，中产阶层规模突破3亿并持续增长，政治结构上下贯通。中国已经真正具备了通过"以工促农、以城带乡"来解决乡村问题的多种条件，只要大环境稳定、方式运用正确，完全能够实现乡村经济社会振兴的百年目标。

2.1.2 典型发达国家乡村建设活动

1) 日本与韩国

日、韩两国是隔海相望的发达国家，两国在经济、社会、文化上一衣带水，同属"儒家文明圈"，因此乡村建设具有一定的相似性。

20世纪50～60年代，日本经济高速成长，乡村人口迅速向城镇集聚，造成了同中国当前

---

① [美]费正清，[美]费维恺. 剑桥中华民国史(下)[M]. 刘敬坤，译. 北京：中国社会科学出版社，2006：407.
② 刘重来. 论卢作孚"乡村现代化"建设模式[J]. 重庆社会科学，2004(1)：110-115.

类似的乡村青壮年劳动力大量流失、农业劳动力人口老龄化,以及乡村衰落等问题。于是,以1971 年《农村地区引入工业促进法》为重要标志,日本政府推动了旨在缩小城乡差距,增强乡村吸引力的"造村运动"。其主要内容包括乡村的生活环境建设(基础设施、公共服务设施),经济发展(一村一品,推动村民本地兼业等),以及农业协同组织的建设(基层、县级及农协中央会三大层次,以及业务经营不同的综合农协和专业农协两类)。造村运动中日本政府采取了不少有效措施,例如:政府始终给予重要的政策、信息、培训、资金支持(资金支持相对有限);鼓励农民作为自主自立的主体(例如推动一村一品),既卸下了政府过于沉重的责任包袱,同时充分发挥了基层农民的积极作用,事半而功倍;十分重视对农民的各种技能培训;充分鼓励和发挥"农协"的作用,它成为乡村大部分生产、生活信息和主要农产品销售、生产资料提供的渠道,以及农民进行融资、获取政府补贴和税收优惠的平台,农协是日本乡村建设的核心成就。①

　　与日本几乎同步,韩国到 20 世纪 70 年代初国民经济取得长足发展,但是由于农业基础薄弱、收益低下,导致年轻劳动力大量涌入城镇,乡村衰落。因此,韩国政府发起了与日本十分类似的"新村运动",旨在改善乡村道路等生活基础设施,完善农业基础设施和生产条件,改善农村住房条件、兴建村民会馆。此外,由于韩国曾被日本占领,农协的产生、机制与作用也同日本十分相似,自 70 年代前后,韩国逐步恢复了农协。数十年来的韩国乡村经济社会发展,农协发挥了举足轻重的作用,但也面临着农协数量日益增多而分散、农协银行与农协会员之间的利益博弈、WTO 农业自由贸易开放压力等多方面的挑战。②

　　日、韩两国是同属儒家文明圈的国家,都有着人多地少的人地结构关系,这些方面与中国国情十分相似。而且两国乡村建设运动均肇端于工业化、城镇化飞速发展及城乡差距明显增大的 20 世纪 60～70 年代,此时代背景与今日中国的新农村建设背景极为相似。但是,其乡村人居环境建设主要以生产生活基础设施、公共服务设施为主,并没有发生类似于当前中国频现的乡村社区空间大量集聚现象,因而两国(特别是日本)原生的乡村人居环境总体保持较好(图 2.1)。

图 2.1　日本普通乡村人居环境

(资料来源:Baidu 图库)

2)德国与法国

德国与法国人地比例关系比较平衡,均为老牌工业强国,都在第二次世界大战中遭受巨大创伤。但是战后,两国乡村建设均在探索中取得了人居环境与经济社会的长足发展。

德国(西德)的乡村建设经历了以下若干阶段。1954 年的《土地整理法》,其主要任务是土地整理、改善乡村交通状况,同时将农户从其原来居住的村庄核心区搬迁到他们各自所拥有的农林地区域内,促使了乡村地区的农业生产与非农业生活相分离。1960 年《联邦建筑

---

① 　本段部分内容参考黄立华.日本新农村建设及其对我国的启示[J].长春大学学报,2007,17(1):24-28,汇编整理。

② 　本段部分内容参考强百发.韩国农协的发展、问题与方向[J].天津农业科学,2009,15(02):78-81,汇编整理。

法》,将村庄更新带入了新阶段,其目标是改善村庄的基础设施和公共服务设施,并美化村庄。但是,造成了相当部分的村庄失去了原生特征,传统建筑被现代风格的建筑取代、蜿蜒自然的乡间道路成为了宽阔的马路和步行道,这与当前中国新农村建设中社区过度集聚所造成的误区十分类似。这些问题显现后,乡村景观和文化价值被重新重视。1976 年修改了《土地整理法》,特别提出要保护自然景观和生态环境;1980 年代,又将保护乡村居民点的历史性布局结构和乡村文化作为重要的乡村建设内容提出;1990 年的《乡村规划政策》明确反对乡村区域的大拆大建,保护历史遗产,坚持有限的、适当的更新。另外,德国深受国家社会主义①体制影响,效率与公平兼顾并重,城乡之间在家庭收入、居住功能、公共服务、基础设施等生活品质方面差距很小。德国乡村基础设施与公共服务设施均由政府负责,其建设资金也由政府税收承担,但使用者在使用过程中需要付费(费、税、折旧维护费等)。近年来德国政府开始将乡村设施的建设和管理委托给(私有)代理机构执行,但依然保有规划权和全额投资责任。②

法国在二战后前 30 年,通过旧城扩张和新城建设,快速实现乡村城镇化,后 30 年则通过"郊区中心城镇化",即通过对原有乡村的"填充式"建设发展,实现乡村城镇化③。法国农村发展总体政策特点是:保证产量、收入和环境之间的综合平衡。因而,提高农业和林业竞争力、改善农村环境、提高农村生活质量成为法国农村发展政策的三个具体目标,从而推动农村经济、社会和环境的可持续性④。进入 21 世纪,法国政府颁布《2005 年 2 月 23 日法》,以减税作为杠杆,实施落后乡村复苏政策,"乡村复苏规划区"占到了法国国土面积的三分之一,人口的 8%。针对这些落后乡村(收入低、人口密度低、人口逐渐减少)地区,法国政府的具体政策导向包括:发展经济,以农业为首,鼓励农民从事兼业增收,支持乡村手工业和制造业,支持商业性住房以及旅游业的合理开发;改善生活条件,更新现有住房,更新公共服务设施,增设电信网络服务设施;保护环境,包括山林地、湿地、农业地,鼓励建设自然公园。在基础设施与公共服务设施的建设模式方面,法国采取的是"混合投资公司"模式,允许私人企业与政府合作。其目的,不仅是吸引私人公司的资金,同时也利用这些私人公司的商业能力,使得乡村建设项目及其建成后的运营均可以走上商业化道路。在资金结构上,私人资金占比一般不超过 50%;在管理方式上,采用私人公司制度,但政府在公司中都会派驻代表,并具有相当权重的投票权。⑤

德、法两国(特别是德国)的城乡空间边界关系,非常值得中国借鉴。其乡村地区,以分散的小村镇方式容纳了大量非农业人口。这些小村镇都有明确的自然环境边界,内部各种设施完善,同时注重保护原生的历史空间格局,它们就如同镶嵌在乡村绿地系统中的一个个有机联系着的"小斑块",令人工和自然环境达到完美平衡(图 2.2)。

---

① 注:国家社会主义是社会主义的一种形式,有民族主义和种族主义倾向。
② 本段内容参考了叶齐茂. 发达国家乡村建设考察与政策研究[M].北京:中国建筑工业出版社,2008:203-227,并加以重新整理。
③ 注:法国将住宅距离小于 200 m,人口超过 2 000 人的区域划归为城市。
④ 赵明. 法国农村发展政策研究[D].北京:中国农业科学院,2011:32.
⑤ 本段部分内容参考叶齐茂. 发达国家乡村建设考察与政策研究[M].北京:中国建筑工业出版社,2008:203-227,汇编整理。

图 2.2　德国普通乡村人居环境

(资料来源：Baidu 图库)

3）典型发达国家乡村建设核心特征：人居环境与经济社会发展并重

日本、韩国、德国、法国作为发达国家，其乡村建设充分显示出人居环境与经济社会发展并重的特点。不仅乡村人居环境优美，而且经济社会发展成果丰硕，特别是日、韩、德三国的农村发展综合水平并不亚于城市，甚至在局部有所超越。尤其值得关注的是与中国同为人多地少现状的日、韩。两国在人居环境建设发展的同期，推动乡村经济社会繁荣，特别注重建设农业协会并长期扶持，这大大优化了此前东亚地区传承千年的分散型小农经济体系，为农民在市场化、全球化背景下持续增收打下坚实基础。

因此，当前中国乡村建设过程中，面对乡村的经济收益偏低、社会组织衰弱等困境，在开展人居环境建设的同时，如何有效推动、辅助乡村经济社会振兴，是值得探索的重要内容。

2.1.3　国内外乡村人居环境建设典型个案

1）国外建筑师个案实践

国外建筑师对乡村社区和农宅的营建实践，具有代表性的人物，例如：埃及的哈桑·法赛（Hassan Fathy）、美国的萨缪尔·莫克比（Samuel Mockbee）。这两位建筑师均特别关注和致力于为乡村低收入者设计、建造社区与住屋。

哈桑·法赛作为第三世界的建筑师，曾于 1946 年主持埃及新古尔纳村的建设。内容主要包括新村规划、130 多套的居民住宅以及清真寺的设计（图 2.3），项目贯穿了"以人为本""继承传统"的理念。营建模式上，法赛坚定地贯彻了建筑师、工匠和业主"三位一体"的合作模式，反对现代标准化的住宅建造，支持业主参与设计。设计手法上，充分表现埃及土坯技术和当地传统文化的结合，注重对传统建筑构件和做法的沿用。例如，捕风塔、"穆什拉比亚"凸窗、"萨布拉斯"门。施工方式上，充分发挥村民人工成本低廉优势，通过培训使其成为建造主力军[①]。

---

① 本段部分内容参考了樊敏.哈桑·法赛创作思想及建筑作品研究[D].西安：西安建筑科技大学,2009.汇编整理。

图 2.3   新古尔纳村整体规划及细部设计

(资料来源:樊敏.哈桑·法赛创作思想及建筑作品研究[D].西安:西安建筑科技大学,2009.)

美国建筑师萨缪尔·莫克比创立了乡村工作室,长期免费服务于贫穷落后的阿拉巴马州(Alamaba)黑尔地区(Hale)。他以营造"灵魂的庇护所"为理念,致力改善当地乡村人居环境。其风格定为:"植根于(美国)南方文化的当代现代主义……注重地域特色,探究如何理解并用现代的技术重新解释它。"[1](图 2.4,图 2.5)为此,他着力从当地民居中提炼特色"原型",并在设计中将材料循环利用、适宜技术巧妙融入。例如,形式上,延续高大、陡峭的坡屋顶,以应对多雨季节,宽敞的前廊提供会客交流和阳光场所;材料上,循环使用旧建筑材料,也将废弃轮胎、干草垛、玻璃塑料品等非建筑材料加以利用;技术上,使用夯土墙实现保温隔热,以及墙体开设侧高窗以促进空气流通[2]。

此外,还有印度的查尔斯·科里亚(Charles Correa)、英国的劳里·贝克尔(Laurie Baker)等。这些国外建筑师及其乡村实践,均是为平民家庭提供服务,重视建筑形式与本土文化的融合,以及乡土材料、乡土建造技术的灵活运用。

---

① Andrew Oppenheimer Dean, Timothy Hursley. Rural Studio:Samuel Mockbee and an Architecture of Decency [M]. New York:Princeton Architectural Press, 2002.

② 赵辉.注重建筑伦理的建筑师[D].西安:西安建筑科技大学,2007:19-23.

图 2.4　干草垛住宅(1994)

图 2.5　燕西小教堂(1995)

(资料来源:http://samuelmockbee.net)

2)国内学术团体与个案实践

改革开放后,国内乡村人居环境建设实践兴起于 20 世纪 90 年代前后,当时,城乡居民收入经过 80 年代初中期短暂缩小后再次扩大,促使政府与知识分子关注乡村。初期的乡村建设实践主要集中于少数高校科研团体,2006 年中央提出新农村建设后,建筑师的个案实践开始涌现。

(1)广西融水县苗族整垛寨改造[①]

1990 年前后,清华大学单德启教授团队进行了广西融水县苗族整垛寨民居和村落改造试验。该项目依托独立经营的民房改建公司,遵照"保本微利"的原则,主要针对当地传统木构干阑式民居,探索"就地改建、依旧更新、群众参与"的建造模式。项目工作内容和流程包括:开展宣传和发动群众,旧民居木料拆卸估价与市场代售,磋商改建面积、建房户型、预决算,施工图纸、合同签署与备料施工等。该项目新改建了小学、寨门等公共服务设施,村道、机耕道、水电网、沼气池等基础设施,而且民房的防火减灾性能得到提高,人畜混居的不卫生状况获得改善,成效显著(图 2.6,图 2.7)。

图 2.6　改造后整垛寨鸟瞰

图 2.7　改造后整垛寨的芦笙坪

(资料来源:王晖.广西融水县村落更新实践考察[D].武汉:华中科技大学,2005.)

---

①　根据王晖,肖铭.广西融水县村落更新实践考察[J].新建筑,2005(04):12-16 汇编整理。

但是,项目操作也存在明显不足,例如,设计团队驻村时间过短,无法深入走访,农宅改建方案与业主缺乏互动,实施过程未提供现场跟踪服务,民房改建公司实际过于追求利润、一味加快进度和简化施工难度。这些问题综合导致了民居改造遗留不少遗憾,例如:统一的混凝土框架结构破坏了干阑式聚落空灵错落的传统特色;户型设计忽视当地习俗,出现会客厅面积不足等明显问题;设计中原本想延续的大坡屋顶、穿斗架、挑廊吊柱、建筑色彩等地方民居特色都被简化甚至放弃。这充分说明,乡村人居环境建设不同于城镇,设计人员驻村工作很重要。

(2) 陕北延安枣园新窑居、云南永仁县彝族生土民居建造实践

1990年代中后期,西安建筑科技大学刘加平、王竹等学者在陕北延安枣园,进行了窑洞民居改造试验。通过改造节能炕、增设双层窗、架空地板层、外墙保温层、屋顶覆土和绿化、南向阳光房、竖井拔风等内容,改善当地砖石窑洞落后居住条件(图2.8)。1999—2001年,完成172孔(40户)的成片改造与新建①。

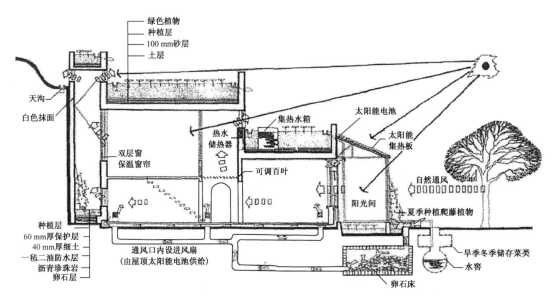

图2.8 绿色窑居适宜生态技术集成

(资料来源:王竹,魏秦,贺勇.地区建筑营建体系的"基因说"诠释——黄土高原
绿色窑居住区体系的建构与实践[J].建筑师,2008(1):29-35.)

近年,刘加平团队在云南永仁县彝族地区进行了生土民居的现代建造探索。其特色是:充分考虑当地农户收入低下、劳动力充裕的现状,采取低成本建造方式;挖掘彝族生土墙体冬暖夏凉特征;为了更好利用太阳能、风能等自然资源,适当调整了当地原生传统民居的形态②。在现代乡村聚落新建案例中,枣园、永仁两次实践均实现了地方传统民居与现代绿色建筑技术的良好结合。(图2.9,图2.10)

---

① 魏秦.地区人居环境营建体系的理论方法与实践[M].北京:中国建筑工业出版社,2013:170-173,200-201.
② 刘加平,谭良斌,闫增峰,等.西部生土民居建筑的再生设计研究——以云南永仁彝族扶贫搬迁示范房为例[J].建筑与文化,2007(06):42-44.

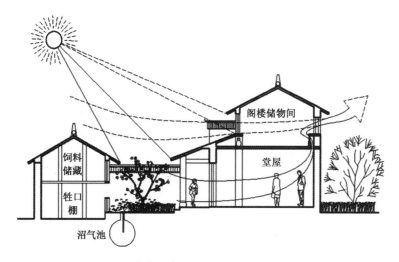

图 2.9 永仁县彝族生土新民居剖面分析图

(资料来源:谭良斌,周伟,马珂,等.云南彝族新乡村生土民居可持续性设计研究[J].
山东建筑大学学报,2009,24(06):501-505.)

图 2.10 建成后效果

(资料来源:Baidu 图库)

（3）河南信阳郝堂村实践①

2009 年,晏阳初乡村建设学院发起河南郝堂村试验。该试验分前后两个阶段。第一阶段为 2009—2011 年,由李昌平负责,以乡村经济和社会为中心,开展"夕阳红养老资金互助社"乡村内置金融试验,推动产权、财权、事权、治权"四权统一"。第二阶段为 2011—2013 年,由孙君负责,以人居环境更新改造为主要任务,内容包括:以村里 200 年老银杏树为核心做村庄规划;实施"调水"计划,截流筑水坝;推进养老中心和郝堂小学的建设等。

---

① 本小节内容参考王磊,孙君,李昌平.逆城市化背景下的系统乡建——河南信阳郝堂村建设实践[J].建筑学报,2013(12):16-21 汇编整理。

　　郝堂村规划建设的创新主要表现在:设计人员长期驻村,采用符合乡村特质的"动态规划法",从概念到控规再到修规的磨合实践长达一年半,做到不破坏环境、不伤害农民、不做违规项目;以村干部想法为主,尊重本地风水先生建议,延续村庄田地的原生格局,仅在控规角度做适当调整;修复庙宇、祠堂等传统文化设施,重建乡土熟人社会氛围;民居新建与改造,重在现代生活功能提升,不破坏原有遵循血缘关系的居住形式(图2.11～图2.14);对民意与村况细致调研,项目不贪大,讲求小而精,且重视施工技术培训。

1 古银杏(村中心)	10 岸芷轩(轻钢结构茶室)	17 村中桥(轻钢结构桥)
2 村委会	11 郝堂小学和幼儿园	18 下口桥(石桥)
3 养老中心	(尿粪分离式厕所所在其中)	19 荷塘
4 乡建培训中心	12 乡村青年旅舍	20 茶山
5 原旧村(重点改造区)	13 昭庆茶庄(现为龙潭客栈)	21 水稻田
6 新建乡村集市	14 乡村金融	22 小河道
7 1号院(郝堂改造第一户)	15 重建昭庆小禅院	23 河中小堰
8 2号院(郝堂土房子改造)	16 上口桥(石桥)	24 设堰为大塘
9 3号院(郝堂土房子改造)		

郝堂村整体手绘草图(孙君)

图2.11　郝堂村规划全景(孙君绘)

(资料来源:王磊,孙君,李昌平.逆城市化背景下的系统乡建——河南信阳郝堂村建设实践[J].建筑学报,2013(12):16-21.)

图2.12　茶斋院子

(资料来源:Baidu图库)

图2.13　滚水坝

(资料来源::Baidu图库)

图 2.14 1 号院改造后效果

（资料来源：Baidu 图库）

通过努力，使得原本没有特殊景观资源的郝堂村被誉为"最美乡村"，成为当地的旅游热点，加上较为成功的商业运作，明显提高了村民收入。

（4）谢英俊和任卫中的个人尝试

除研究团队的实践外，近年出现了一些由个人发起的以农宅或小型公共建筑为主的乡村建设试验。台湾建筑师谢英俊、浙江安吉任卫中是较著名的试验发起者。

谢英俊在河北定州晏阳初乡村建设学院，设立"乡村建筑工作室"（Rural Reconstruction Institute）。他颇具环保和平民意识，提出了"永续建筑"和"协力造屋"的乡村建筑理念。建立"开放建筑"体系：一是不可变的支撑体（木、轻钢）；二是可改变更新的填充物（土、石、竹、木、砖、稻草、麦秆、布、植物编织、面砖、金属等）。在该体系下，激发乡村建筑的弹性调整，降低落后乡村建筑的建造和维护难度。组建"地球屋基金"合作社，帮助实现农民建房资金贷款、劳力换工互助。该工作室在翟城村建造了远低于市场价格的样板生态农宅"地球屋"（图 2.15）。

图 2.15 谢英俊的地球屋 001 号和 002 号

（资料来源：www. atelier-3.com）

　　任卫中,是浙江安吉县的一位非职业建筑师。与谢英俊关注落后地区、强调平民意识略不同,他的乡村建设理念从关注建造本身逐渐转向再现乡土生活。最初,他致力于通过改善木构设计和工艺,以泥土为主,木(速生杉木、旧木)、石为辅,建造生态环保农宅(图2.16),引起学术界和白领阶层较大共鸣,但当地农民响应度很低。因而他于近年开始转变理念,更关注乡土生产生活本身,推动"微型农村"试验:利用5亩地建5栋房子(1栋仓库、2栋农居、1栋旅馆,1栋木结构老房子改造)围成一个院子,院中种植蔬菜,边角上饲养家禽,生活垃圾分类并合理利用,尽量内部消化掉。他希望:"农民不需要出去打工,在自己土生土长的地方,用乡土的材料可以做出非常舒服的房子。靠一块土地可以产出健康的食物,在世代生存的地方也可以过得很好。①"

图2.16　任卫中在安吉建造的两座试验建筑

(资料来源:王雪如)

　　此外,目前较有声望的乡村建设个案实践有:欧宁在安徽黟县主持的"碧山计划";梁岩在山西太行山深处的许村所进行的"艺术推动村落振兴与艺术修复乡村";由美国人萨洋及其华人妻子唐亮在北京怀柔区北沟村开办"小庐面"会所后,在当地激起"国际文化村"建设,通过人居环境建设与现代休闲产业经营并重的方式,促进村民致富。

　　3)乡村人居环境建设大趋势:推动乡村经济社会振兴

　　从国内外乡村建设经典个案实践来看,其共同特点是关注乡村平民(甚至是贫民)生活,通过使用具有地方特色的建筑材料、形式和适宜技术,致力于改善当地人居环境。而就国内个案来讲,综观其将近30年的发展,还能够感受到其中微妙的价值观变化。从1990年代初期开始的相当长一段时期内,改善乡村人居环境特别是住房条件一直是绝对主流取向。但是2000年之后,随着城镇化、土地经济的迅猛发展,城乡差距不断扩大,乡村陷入了经济增收困难、劳动力过度流失、社会衰落等困境。这引发了人们对乡村人居环境之外的乡村经济社会的关注和思考。因而,近年来出现了像李昌平、孙君先生主持的以乡村金融试验和人居环境改造并重的郝堂村建设,任卫中先生开展的以实现新型生态农居和新型农村业态为导

---

　　①　《建筑学报》编辑部.蜕变与振兴——"乡村蜕变下的建筑因应"座谈会[J].建筑学报,2013(12):4-9.

向的"微型农村"实践，及北沟国际文化村建设等综合性"跨界"试验。这些具有前瞻性的经典个案实践传递出一个重要的讯息，即通过人居环境建设来推动或辅助乡村走出经济社会困境、实现乡村振兴，应是乡村建设实践的大势所趋。

2.2 国内外乡村人居环境相关研究

2.2.1 西方乡土建筑与聚落研究成果

1）兴起与发展的历程

建筑学是历史悠久的学科，但其传统视野主要聚焦在"城市"，对乡村建筑与聚落的关注，迟至 20 世纪前后才零星出现。例如，19 世纪末，美国著名建筑历史学者诺曼·艾沙姆（Norman Isham）等，记录和研究了美国东北部的新英格兰式乡土住宅建筑，通过对其平面、立面、结构和装饰的考察来认知其历史意义[1]。20 世纪 20 年代左右，法国学者白吕纳（Jean Brunhes）出版《人地学原理》，阿尔贝·德芒戎（A. Demangeon）编著《农村的居住形式》《法国农村聚落的类型》等。

至 20 世纪中叶后，建筑学才开始真正将乡村纳入其视野，并在 20 世纪 60～80 年代走向兴盛。这一变化大致由两方面引起。

首先，源自史学和人类学界视野转变的影响[2]。20 世纪前中叶，历史学界已逐渐跳出欧洲文明中心论的狭隘角度，导向历史研究的全球观，例如，奥斯瓦尔德·斯宾格勒（Oswald Spengler）的《西方的没落》、阿诺德·J. 汤因比（Arnold J. Toynbee）的《历史研究》。以弗朗茨·博厄斯（Franz Boas）为代表的人类学家，提出著名的历史特殊论和文化相对论，认为每一种文化都有自己独特的发展历史和规律。其时，地方性知识在人类学和社会学的讨论中逐渐得到关注，区域的、地方的经验和历史及文化成为学术界文化比较研究的重要视角，由此，"大传统""大历史"之外的"小传统""小历史"，甚至"边缘文明"，开始获得重视。因而，乡土建筑与聚落，也由于这种研究视野的"平民化"转换，自然被建筑学界所涉足。

其次，源自建筑学界内部的设计理论革新诉求。第二次世界大战以后，现代主义建筑风行世界，但其无视文脉、缺乏人文精神等缺点日益显现。因此，1960 年代开始，以罗伯特·文丘里（Robert Venturi）为代表，欧美建筑学界开始反思早期现代主义建筑，寻找新的设计源泉与思想，现代主义建筑一元论开始走向后现代建筑多元论[3]。那些原本隔绝在学院派、精英式的建筑学之外的乡间平民普通建筑，开始受到广泛关注。

此背景下，1964 年，德国建筑师伯纳德·鲁道夫斯基（Bernard Rudolfsky）著述《没有建筑师的建筑》（*Architecture without Architects*），并举办同名展览，展示世界各地的具有民族性和地域文化特色的，适应当地气候特征的，拥有独特气候、技术和文化魅力的乡土建筑，首

---

① Norman Isham, Alber Frederic Brown. Early Rhode Island House[M]. Providence: Preston & Rounds, 1895.
② 王冬. 族群、社群与乡村聚落营造——以云南少数民族村落为例[M]. 北京：中国建筑工业出版社，2013：6.
③ 梁雪. 对乡土建筑的重新认识与评价——解读《没有建筑师的建筑》[J]. 建筑师，2005(03)：105-107.

开了第二次世界大战后关注乡土建筑的先河。几乎同期,保罗·奥利弗(Paul Oliver)撰写《房屋、符号与象征》(*Shelter, Sign and Symbol*)、《房屋与社会》(*Shelter and Society*)等名作,其后于1990年代编写的《世界乡土建筑百科全书》提出应从多角度研究乡土建筑,认为其不应该单纯被描述成本土的、宗族的、民间的、乡民的和传统的建筑,还应该将其与环境文脉、自然资源、经济和生活方式、建筑技术以及建造模式等多方面充分关联起来。1976年,拉普卜特(Amos Rapoport)在《住屋形式与文化》①(*House Form and Culture*)一书中认为,住屋是乡土建筑中最有意义和最普遍的一种"小传统",社会文化是住屋形式的主要影响因素(气候、材料、构造、技术次之)。他认为,乡土建筑的设计是一个"模型+调整"的过程,这可能对今日中国乡村农宅营建更新具有重要借鉴意义。日本同时代的藤井明撰写的《聚落探访》②及原广司撰写的《世界聚落的教示100》③,揭示乡土聚落空间与形式秩序背后的规律,及其与当地自然和人文环境的因果关系。此后,有关乡土建筑与聚落的研究方兴未艾,如1987年E·吉东尼的《原始建筑》,1990年R·沃特森的《住屋——东南亚地区的建筑人类学研究》,琳恩·伊丽莎白(Lynne Elizabeth)等的《新乡土建筑——当代天然建造方法》等。

2)反思:脱离乡村本体的"乡村建筑学"异化

从西方的乡土建筑与聚落研究发展整体历程来看,对"乡村建筑学"的广泛关注是西方国家真正进入高速城镇化、全球化背景下的一种必然,是为摆脱现代主义建筑桎梏的一种自然而然的诉求。但实际上,这种关注的主流并非真正基于乡土或乡村本身的视角,而依旧是从现代或城市的观点出发。因而这种关注仅仅是把乡土建筑和聚落当成是一种工具,更确切地讲,其目的更多是"为特定场合的建筑创作提供一些形式或空间语言的灵感和素材④",仅此而已。这是因为西方发达国家的人口城镇化率极高,占比少数的农民大多数比较富裕,这导致关注乡土建筑与聚落的"工具化"倾向。而我国国情与西方发达国家完全相反,农业人口占比依然近半,他们多数属于弱势群体。而且,乡村是中华农耕文明的发祥地,其乡土建筑与聚落承载了流转千年的中华文化基因,具有文化渊源的重要意义。因此,中国学术界对乡土建筑与聚落的关注,不应该仅仅采取类似西方国家的单纯"认知"或"借鉴"态度,而更应投入"人文关怀",将此类研究导向改善人居环境、促进经济社会振兴的乡村本体目标。

2.2.2 国内传统民居与乡村聚落研究探索

国内对传统民居与乡村聚落相关的研究最早于解放初期开启,改革开放后开始繁荣。2008年止,内地及港台出版相关专著1 400余部,大陆发表的相关论文已达4 600余篇⑤,并持续增加。从类别看,这些浩繁的理论成果,按侧重点不同,大致可以分成认知、实践两大类。前者的视野主要朝向当前和过去,针对传统民居与聚落进行认知和解读;后者的视野主

---

① [美]阿摩斯·拉普卜特. 宅形与文化[M]. 常青,徐菁,李颖春,等译. 北京:中国建筑工业出版社,2007.
② [日]藤井明. 聚落探访[M]. 宁晶,译. 北京:中国建筑工业出版社,2003.
③ [日]原广司. 世界聚落的教示100[M]. 于天祎,刘淑梅,马千里,译. 北京:中国建筑工业出版社,2003.
④ 吴志宏. 中国乡土建筑研究的脉络、问题及展望[J]. 昆明理工大学学报(社会科学版),2014(01):103-108.
⑤ 陆元鼎. 中国民居建筑年鉴(1988—2008)[M]. 北京:中国建筑工业出版社,2008.

要朝向未来,关注传统民居与乡村聚落在现代社会、经济、文化条件下应该如何保护、更新与营建。

1)认知型研究

注重于理论认知的传统民居与乡村聚落研究,以学科视角为标准,又可以分为两类。

第一类,强调建筑学本身的研究。这一类理论成果普遍以大量的调研工作为基础。其中的一部分研究,关注传统民居与乡村聚落的建筑类型、形态、空间、结构、构造、材料等方面。较有代表性的学者与成果,例如孙大章先生的《中国传统民居》、刘敦桢先生的《中国住宅概说》、刘致平先生的《中国居住建筑简史》、单德启教授的《中国传统民居图说》系列、彭一刚教授的《传统村镇聚落景观分析》,以及由王国梁、潘谷西、郭湖生等教授主持测绘和编著的《徽州古建筑丛书》。还有一部分研究则更关注乡村聚落人居环境的发展、演变,例如段进教授主编的丛书《空间研究 1:世界文化遗产西递古村落空间解析》①、《空间研究 4:世界文化遗产宏村古村落空间解析》②。此外,除上述历史传统民居和聚落方面的研究,还有少数研究大胆地将目光投向了某些颇受争议的当代乡土建筑和聚落,尝试解释其生成的原因和规则,例如段威《浙江萧山南沙地区当代乡土住宅的历史、形式和模式研究》③。

第二类,偏重学科交叉的研究。这一类研究主要从人文学科(社会学、文化学、人类学、地理学、历史学等)、理工学科(数学、计算机编程等)角度,尝试解读乡土建筑与聚落人居环境。首先,较早提出建筑学与人文学科交叉观点的是陈志华教授,他于 1990 年代末提出的"乡土建筑"研究框架,即旨将聚落背后的社会、历史、文化等内容整个纳入乡土建筑研究的广义内涵之中④。这一类代表性研究成果,诸如那仲良《中国传统乡村建筑:一般民居的文化地理》、蒋高宸《云南民族住屋文化》《建水古城的历史记忆:起源、功能、象征》、杨大禹《云南少数民族住屋:形式与文化研究》、潘安《客家民系与客家聚居建筑》、陈志华《乡土中国》系列丛书、余英《中国东南系建筑区系类型研究》、石克辉《云南乡土建筑文化》等。其次,与理工学科交叉,目前也出现了具有一定代表性的学术成果。段进《城镇空间解析——太湖流域古镇空间结构与形态》,以拓扑、群等数学工具,对传统聚落人居环境的空间结构、形态进行分析⑤。高峰《"空间句法"在传统村落外部空间系统分析中的应用——以徽州南屏村为例》采用空间句法的理论与技术对徽州乡村聚落进行了定性与定量相结合的研究⑥。彭松《非线性方法——传统村落空间形态研究的新思路》尝试提出了通过建立"元胞自动机"数学模型来模拟村落空间生长过程的方法⑦。王建华《基于气候条件的江南传统民居应变研究》,在总结江南四个微气候区域传统民居所采取的应对设计措施和机理的基础上,以定性与定量结合的方法分析其防太阳辐射、防潮、防雨,以及通风应变模式、措施、量化指标⑧。朱炜

① 段进,龚恺,陈晓东,等. 空间研究 1:世界文化遗产西递古村落空间解析[M]. 南京:东南大学出版社,2006.
② 段进,揭明浩. 空间研究 4:世界文化遗产宏村古村落空间解析[M]. 南京:东南大学出版社,2009.
③ 段威. 浙江萧山南沙地区当代乡土住宅的历史、形式和模式研究[D]. 北京:清华大学,2013.
④ 陈志华. 乡土建筑研究提纲——以聚落研究为例[J]. 建筑师,1998(04):43-49.
⑤ 段进,季松,王海宁. 城镇空间解析——太湖流域古镇空间结构与形态[M]. 北京:中国建筑工业出版社,2002.
⑥ 高峰. "空间句法"在传统村落外部空间系统分析中的应用——以徽州南屏村为例[D]. 南京:东南大学,2004.
⑦ 彭松. 非线性方法——传统村落空间形态研究的新思路[J]. 四川建筑,2004(02):22-23,25.
⑧ 王建华. 基于气候条件的江南传统民居应变研究[D]. 杭州:浙江大学,2008.

《基于地理学视角的浙北乡村聚落空间研究》,借助系统论、拓扑集合、分形几何等方法,对浙北乡村的地形地貌特征进行了分析与梳理,总结了当地自然环境与乡村聚落互动发展的机制,并通过社会学调查、分析和统计,从聚落生活层面探索聚落环境各影响因子对乡村聚落空间的作用①。王昀《传统聚落结构中的空间概念》,尝试将聚落中的住居抽象成"点",然后通过计算机软件建构数学模型来研究聚落内部的空间关系②。浦欣成《传统乡村聚落平面形态的量化方法研究》,利用分形几何、计算机编程和数理统计等方法,对传统乡村聚落平面的边界形态、空间结构、建筑群体秩序等三方面进行了细致分析,拓展了前述王昀教授的研究,具有一定的开创性③。

2)实践型研究

注重乡村建设实践的研究,根据应用导向的不同,也可以分为两类。

第一类,关注于历史乡村聚落的保护。该类成果主要指向历史文化名镇、名村。具有代表性的学者及成果有:朱光亚和黄滋《古村落的保护与发展问题》、阮仪三《历史环境保护的理论与实践》、吴晓勤等《世界文化遗产:皖南古村落规划保护方案保护方法研究》、罗德启《中国贵州民族村镇保护与利用》、陈志华和李秋香《乡土建筑遗产保护》。这些研究针对具有历史文化价值的乡村聚落环境,从乡土景观、乡村聚落、民居建筑等方面,阐述其保护、可持续发展及开发利用的思路和方法。

第二类,聚焦于乡村聚落人居环境现代营建的研究。这一类研究主要涵盖了规划理念、设计方法、建筑技术等方面。它们卷帙浩繁、内容庞杂、深浅不一,仅此遴选一些有代表性的成果。

西安建筑科技大学刘加平、王竹等教授,于"九五"期间,主持完成的国家自然科学基金项目《绿色建筑体系与黄土高原基本聚居单位模式研究》,提出了黄土高原绿色建筑体系及评价指标体系,在对黄土高原落后地区的传统窑居建筑与村落充分研究的基础上,对其建筑经验进行科学总结,并设计出符合可持续发展要求的新型窑居建筑和聚落原型,在后续实践中完成了延安枣园"绿色窑洞及其村落聚居单元"示范项目。魏秦《地区人居环境营建体系的理论方法与实践》延续了这一研究,进一步阐述了以黄土高原为代表的地域基因的诊治识别、重组整合以及"地域基因库"生成的方法,并建构了从农居院落、基本生活单元到乡村聚落的完整而多样化的营建体系策略④。西安建筑科技大学于2012年成立的"住建部村镇司现代生土建筑试验室",针对农村中"传统生土建筑技术"的改良和应用,开展了系列研究和实践,具有代表性的论文有:周铁钢、杨丽平和穆钧《现代夯土农宅建设的研究与应用》、穆钧、周铁钢、万丽等《授之以渔、本土营造——四川凉山马鞍桥村震后重建研究》。

清华大学吴良镛先生提出"现代建筑地区化、乡土建筑现代化"思想,受此感召,单德启教授于1990年代主持了"传统民居集落改造模式研究""城市化和农业化背景下传统村镇和

① 朱炜. 基于地理学视角的浙北乡村聚落空间研究[D]. 杭州:浙江大学,2009.
② 王昀. 传统聚落结构中的空间概念[M]. 北京:中国建筑工业出版社,2009.
③ 浦欣成. 传统乡村聚落平面形态的量化方法研究[M]. 南京:东南大学出版社,2013.
④ 魏秦. 地区人居环境营建体系的理论方法与实践[M]. 北京:中国建筑工业出版社,2013.

街区的结构更新"等国家自然科学基金课题,其研究以城镇化、城乡差别、三农发展等背景,探索乡土建筑与聚落的现代转型。师承于单德启教授,昆明理工大学的王冬教授,长期致力于少数民族地区的乡土聚落人居环境营建,其代表著作《族群、社群与乡村聚落营造——以云南少数民族村落为例》,提出了社会结构与村落建造模式之间具有互相塑造的关系,并认为在乡村传统族群向现代社群演变的时代背景下,村落建造模式应该进行以"村落建造共同体"为依托的现代转型①。其弟子刘肇宁的硕士论文《建筑师·乡土建筑·现代营造——建筑学专业技能和地方民居有机更新嫁接的尝试》,以在云南弥勒阿细族可邑村为期六周的建筑实践为基础,对云南少数民族聚居区的自建房进行多角度的分析和比较,并对建筑学专业技能同地方民居更新嫁接的乡村营建模式优缺点、问题与阻力、可能性与具体做法进行了细致的探讨②。

　　浙江大学乡村人居环境研究中心的王竹教授团队,近年在乡村人居环境营建方面的研究成果也较丰富。除了前面述及的王建华、朱炜、浦欣成的研究成果以外,具有代表性的博士论文有林涛《浙北乡村集聚化及其聚落空间演进模式研究》,通过对浙北乡村集聚化的背景、动因和模式的分析,在建构乡村聚落空间演进的动力特征和空间要素的基础上,提出关于集聚点选址、临近村庄迁并、聚落单元的更新与扩张等空间演进方面的优化策略③;高峻《基于汶川地震重建的农居建造范式及其策略研究》,从农居建造范式和策略两个层面,探析灾害事件后农居重建的技术体系框架与过程模式④;王韬《村民主体认知视角下乡村聚落营建的策略与方法》,从村民主体意识与认知角度出发,在分析传统与当代乡村自组织建造规律的基础上,针对当代乡村聚落提出了一套辅助实现乡村身份认同、文化自觉、场所还原等目标的营建策略⑤。具有代表性的硕士论文有王雪如《杭州双桥区块乡村"整体统一·自主建造"模式研究》,以杭州城乡结合部某区块的农居新建实例为研究对象,提出了"自下而上"与"自上而下"相结合的农居营建概念性方法和策略⑥;于慧芳《湖州长兴新川村山地聚落空间结构与规划设计研究》及王立锋《基于山地风貌的浙江磐安白云山村聚落更新研究》,均以规划设计案例为研究对象,分别提出了基于"山地基本生活单元"⑦和"山地型产住混合人居模式⑧"的乡村聚落更新与营建方法。

　　此外,中国建筑设计研究院李兴钢教授团队,近年来也参与了乡村新聚落营建的实践与研究。例如:张一婷《新聚落设计方法初探》、马津《新聚落设计实践与反思》两篇论文,以西柏坡某新建乡村聚落为研究对象,从实际规划设计与建造的参与者角度,通过与历史上、国内外乡村营建案例的纵横向比较,主要从村域、聚落、住居三个层面,对当代中国乡村新聚落

---

　　① 王冬.族群、社群与乡村聚落营造——以云南少数民族村落为例[M].北京:中国建筑工业出版社,2013.

　　② 刘肇宁.建筑师·乡土建筑·现代营造——建筑学专业技能和地方民居有机更新嫁接的尝试[D].昆明:昆明理工大学,2005.

　　③ 林涛.浙北乡村集聚化及其聚落空间演进模式研究[D].杭州:浙江大学,2012.

　　④ 高峻.基于汶川地震重建的农居建造范式及其策略研究[D].杭州:浙江大学,2012.

　　⑤ 王韬.村民主体认知视角下乡村聚落营建的策略与方法[D].杭州:浙江大学,2014.

　　⑥ 王雪如.杭州双桥区块乡村"整体统一·自主建造"模式研究[D].杭州:浙江大学,2011.

　　⑦ 于慧芳.湖州长兴新川村山地聚落空间结构与规划设计研究[D].杭州:浙江大学,2008.

　　⑧ 王立锋.基于山地风貌的浙江磐安白云山村聚落更新研究[D].杭州:浙江大学,2012.

建造方法实践进行了较系统总结。其中,前者偏重于历史借鉴与项目本身的规划设计策略,后者侧重于案例比较和问题反思。

2.3　国内研究的不足与缺口

建筑学的乡村人居环境研究方向,其国内外学术成果已经十分丰富。但是西方与国内的研究成果由于国情差异导致了价值取向的不同。

西方发达国家由于城镇化水平极高、乡村比较富裕,因而其研究更多的是从城市视角对乡村认知、向乡村借鉴,基本脱离了乡村本体。

国内的研究成果则包含了认知与实践两个类型。认知型研究的对象是既有乡村,较容易把握,而且其研究积累历时已经很长,因此,其研究体系比较完备,不仅在内容上完成了从器物层面到制度、社会和文化层面的拓展,而且在方法上实现了从单一建筑学到多学科融合的发展。实践型研究的起步虽然晚于认知型研究,但具有相当的后发优势,而且现状情况要更复杂一些。一方面,对具有历史文化价值的乡村聚落的保护与更新研究,历时较长、积累深厚。另一方面,关于更为量大面广的原生农业型乡村,有关其人居环境当代营建的研究起步很晚,在2006年新农村建设启动、2008年《中华人民共和国城乡规划法》实施之前有代表性的研究明显偏少①。近几年来,随着新农村、美丽乡村建设的铺开,原生农业型乡村日益受到学术界关注,因而这方面研究才迅速增加。一开始,这些研究中有相当一部分聚焦于乡村社区集聚。然而,随着政府在这方面实践的推动和展开,其中的一些误区与问题逐渐暴露,于是,就地改造与更新研究开始成为主流之一。

总体上,当前有关原生农业型乡村的人居环境就地改造与更新的研究存在一些不足和缺失。第一,理念建立有偏失。人居环境建设本身仅仅是手段并非目的,真正重要的是通过建设尽快帮助乡村从城乡收入差距过大、社会严重衰弱的困境中解脱出来。当前国内乡村建设实践已经出现了"河南郝堂村""安吉微型农村""北沟村国际文化村建设"等尝试通过人居环境建设直接或间接推动原生农业型乡村经济社会发展的新转向。这种近5年来才出现的实践新转向,为学术研究打开了窗口,但建筑学学术界对此尚缺乏积极回应。当前研究未能形成以推动乡村经济社会发展作为目标导向,来建构乡村人居环境建设的成熟理念。虽然也有不少学者提出了乡村人居环境建设新理念,诸如,孙君、廖星臣的《把农村建设得更像农村》②、黄印武的"自然生长"等,但偏于笼统、模糊,并未从建筑学角度系统论证和阐明乡村人居环境建设如何推动原生农业型乡村经济社会振兴的可行性与原则路径,因此可能不具备足够的说服力。第二,正是由于乡村人居环境建设理念的偏失,导致了策略建构不全面、不贴合实际。虽然现有研究已对原生农业型乡村人居环境改造更新的内容方式、合作机

---

① 注:如国家自然科学基金项目,单德启教授《传统民居集落改造模式研究》《城市化和农业化背景下传统村镇和街区的结构更新》,刘加平、王竹等教授《绿色建筑体系与黄土高原基本聚居单位模式研究》等。期刊与学位论文有赵霁欣《黄土高原关中平原地区农宅的有机更新》、贾莉莉《徽州民居村落聚居形态的有机更新》、张金朝《从乡土建筑到现代农村建筑的有机更新》等。

② 孙君,廖星臣.把农村建设得更像农村[M].北京:中国轻工业出版社,2014.

制等方面均有不同程度涉及,但由于同乡村经济社会发展相疏离,其局部、片段的研究成果不能直接、扼要、系统地给出人居环境更新的完整路径。此外,鲜有从实践角度给予充分阐述和论证,策略建构仅仅是整个乡村建设实践过程的前端部分,许多实际问题并非"想象"就能解决。第三,缺乏从实施角度的深度实证案例研究。原生农业型乡村人居环境改造更新需要实践操作和经验总结,而当前研究成果非常缺少对真实的原生农业型乡村人居环境建设实施案例(特别具有一定代表性实例)的深度样本研究,绝大多数研究停留在方案性讨论[①],欠缺实证深度。

基于上述国内研究现状的不足,本研究试图建立能够直接促进乡村经济社会发展的人居环境更新理念,并在该理念指导下,依托"韶山试验"这一乡村建设实例,建构具体的人居环境建设策略,进而详细归纳总结实际的操作与实施经验。

---

① 如:吴桢楠. 从适宜现代生活的角度审视皖南传统村落的保护与更新[D]. 合肥:合肥工业大学,2010;任社. 关中新农村自更新建设模式研究[D]. 西安:西安建筑科技大学,2008;于慧芳. 湖州长兴新川村山地聚落空间结构与规划设计研究[D]. 杭州:浙江大学,2008;王韬. 村民主体认知视角下乡村聚落营建的策略与方法[D]. 杭州:浙江大学,2014;王立锋. 基于山地风貌的浙江磐安白云山村聚落更新研究[D]. 杭州:浙江大学,2012,等等。

3 经济社会发展导向的乡村人居环境有机更新理念

乡村正面临城乡收入差距过大、社会严重衰落的经济社会双重困境。然而，近年来频现的以社区空间过度集聚为代表的乡村人居环境建设误区，难以从根本上缓解甚至反而加深乡村(特别是中远郊乡村)的困境。

因此，本章将运用解释分析的方法，尝试建立以推动乡村经济社会发展为根本目标的人居环境有机更新"理念"，为下一章"韶山试验"中具体的有机更新"策略"建构奠定基础。具体首先从建筑学专业角度对乡村人居环境进行重新认知；然后基于该认知结果，重点阐述乡村人居环境现状表现，以及当前建设误区所导致的隐患。最后，阐述已经初露端倪的城乡交换新趋势，以此为背景，明确指出乡村人居环境作为新价值载体进入新阶段城乡交换的必备特征条件，并按照该特征条件要求，建立乡村人居环境有机更新理念，同时将此理念与城市有机更新进行关联分析，为其"正名"。

在此需特别指明的是，由于本研究重点关注的"原生农业型乡村"有着延续千年的漫长传承与发展历史，也是当前国内乡村的主体，具有较强的代表意义。因此，为使得后续文本的表述更加清晰简洁，许多情况下，笔者都将"原生农业型乡村"简称为"乡村"或"传统乡村"。

3.1 "乡村人居环境"的建筑学认知

3.1.1 "乡村人居环境"的概念解析

"人居环境"概念最早可以追溯到 C. A. 道萨迪亚斯(C. A. Doxiadis)在《人类聚居学》一书中关于"人类聚居"的阐述，这是最早提出的类似概念。吴良镛先生于 1993 年在中科院作题为《我国建设事业的今天和明天》的学术报告中正式提出了"人居环境"，并定义为："人类的聚居生活的地方，是与人类生存活动密切相关的地表空间，它是人类在大自然中赖以生存的基地，是人类利用自然、改造自然的主要场所。"[①]因此，结合对"乡村"的界定，可以简单将本研究语境中的"乡村人居环境"定义为：位于城镇以外的以种植型农业为主要产业功能的人类聚居场所。

关于人居环境的组成，吴良镛先生从建立人居环境学科体系的宏观角度，将其分成五个部分：自然、人类、社会、居住、支撑。自然系统，指气候、水、土地、植物、动物、地理、地形、环境分析、资源、土地利用等；人类系统，作为个体的聚居者；社会系统，指公共管理和法律、社会关系、人口趋势、文化特征、社会分化、经济发展、健康和福利等；居住系统，指住宅、社区设

---

① 吴良镛. 人居环境科学导论[M]. 北京：中国建筑工业出版社，2001：38.

施等;支撑系统,人类住区的基础设施①。但是,吴良镛先生并没有直接对"乡村人居环境"本身给出具体的定义与解析,这可能是出于将城乡人居环境合并考量的意图。

此外,顾姗姗在其硕士论文《乡村人居环境空间规划研究》中综合引用叶齐茂先生的观点,认为构成"乡村人居环境"的组成要素包括:"①由住宅、基础设施和公共服务设施所构成的建筑环境;②以自然方式存在和变化着的山川、河流、湖泊、湿地、海洋和除人之外的生物圈构成的自然环境;③由乡村居民历史活动所创造并反映在建筑环境和自然环境之上的生产方式、生活方式、思维方式和文化特征的人文环境。"②

当前建筑学及相关学科文献中,各类涉及乡村(农村)人居环境的有关定义和分析,几乎都引用或遵循了类似吴良镛、叶齐茂先生的经典定义方式,即基于物质类别的分类法对乡村人居环境进行解析。

3.1.2 秩序与功能的抽象分析

上述针对乡村人居环境的经典定义和解释方式虽然合理,但较缺憾的是尚不能很直接地适应建筑学科研究的需要。因为建筑设计研究与应用的落脚点,本质上是"秩序",正如日本学者原广司先生所言:"所有表现着的事物都是被秩序化的事物,在这个世界上几乎只存在秩序。所有的聚落与建筑都已经被秩序化。"③在建筑学语境中,乡村人居环境的秩序是具体而复杂的场景,通常是各种物质要素交叉、混杂、重叠着呈现。因此,按物质类别对乡村人居环境加以具体化的分离,很可能导致对秩序理解的肢解,难以综合性的考量和控制,不利于直接展开建筑学角度的讨论。因而,为清晰描述乡村人居环境,需要对其进行新的抽象。为此,本研究将通过下面的解析,尝试为其物质类别导向的经典分析方式提供一个可能的补充。

通常,一个具象的事物具有"体"与"用"两种基本属性内容。"体"指该事物的物质性实体,它的内部组成要素之间以及它与外部事物之间,必然会形成秩序。"用"就是指它的功能。有"体"才有"用","用"须借"体"才能发挥。

因此,可以尝试将乡村人居环境抽象成两部分属性内容:秩序(体)与功能(用)。前者是村落中各种物质实体组成的秩序表达,后者是乡村生活的功能状态。前者是后者的基础,后者寄托于前者之中得以实现。这种抽象描述方式不同于物类分离的方式来解析乡村人居环境,更方便建筑学研究。

完成上述抽象后,可以按照从宏观到微观,进一步细化分析乡村人居环境。

首先,秩序。可以被划分为格局、肌理、形制、形式四个层级:①格局,即村域中自然环境与人工建成环境的整体空间关系,其判定标准是建筑及构筑物的外部边界,是最宏观的秩序层级;②肌理,即村域中建筑群体基底平面呈现在"下垫面"上的图底关系,具体指单体建筑彼此之间的大小、方向和间距关系,属于次宏观秩序层级;③形制,即空间单元(以公建、农宅为主)的一般控制性特征,包括建造规模、组成布局与建筑体量三要素,是次微观秩序层级,

---

① 吴良镛.人居环境科学导论[M].北京:中国建筑工业出版社,2001:40-48,内容有所缩略。

② 顾姗姗.乡村人居环境空间规划研究[D].苏州:苏州科技学院,2007:5-6.

③ [日]原广司.世界聚落的教示100[M].于天祎,刘淑梅,马千里,译.北京:中国建筑工业出版社,2003:24.

正是这些"空间单元"在乡村大地上展开积累,最终表达出宏观的村域空间格局和建筑群体肌理;④形式,即空间单元内建筑的具体造型、结构、空间、材料、色彩等表现形式,是最微观秩序层级。

其次,功能。可将其分为面域功能、点域功能两个层级:①面域功能,指教育、医疗等公共服务设施在村域内的规划布点,以及道路管网等基础设施村域布局敷设,对其考量的着眼点主要是宏观的村落区域整体;②点域功能,指各公共服务建筑的具体功能配置和角色、农宅内部的家庭生活空间与设施,对其考量的着眼点主要是微观的空间单元及建筑。

关于乡村人居环境抽象分析的层级与属性内容,可以总结为下表(表 3.1)。它是本研究的内核,也是理论建构和后续行文逻辑的起点。

表 3.1   乡村人居环境的层级与内容

属性＼层级		宏观(村域)		微观(公共建筑、农宅)	
乡村人居环境	秩序	格局	肌理	形制	形式
		整体空间	建筑群体	空间单元	建筑单体
		自然生态环境与人工建成环境的空间分布与边界关系	建筑投影在村庄基地"下垫面"上的群体图底关系	建造规模、组成布局、建筑体量	造型、结构、空间、材料构造、色彩等
	功能	面域功能		点域功能	
		① 社区服务、教育、医疗等公共建筑在村域内的规划布点; ② 道路、水电管网等基础设施在村域内的布局		① 各公共建筑的具体功能服务内容和角色; ② 家庭生活功能对应的各空间与设施	

3.1.3   有机秩序:传统乡村人居环境的重要特征

1) 有机秩序:"平衡"之说

人居环境的秩序表达状态有呆板、紊乱与和谐等三种状态。呆板是过度的统一,令人低落厌倦;紊乱是过度的丰富,让人迷茫无措;只有和谐的秩序状态才处于统一与丰富的平衡,可以称之为"有机秩序"。

有机秩序的概念可追溯到克里斯托夫·亚历山大等人的著作《俄勒冈实验》一书中,他以剑桥大学美丽校园某区块①为例(图 3.1),将"有机秩序"定义为:"在局部需求和整体需求达到完美平衡时所获得的秩

图 3.1   剑桥大学剑河一侧各学院相似的院落单元
(资料来源:谷歌地图)

---

①   注:该区块位于著名的康桥(Cambridge)一带,是剑桥大学校园中自然环境、建筑风貌与历史氛围完美结合之处。

序。"①他写道:"(剑桥)最美的特征之一就是各个学院(圣琼学院、三一学院、三一会堂、克莱尔学院、国王学院、彼德豪斯学院、皇后学院)在河流和城镇的主街道上的分布方式。每个学院是一个宿舍庭院系统,有面向街道的入口和朝向河流的开口;有跨过河流通向远处的草地的小桥,但是他们各自都有独有的特征。每个庭院、入口、桥梁、船库和步行道都各不相同。所有学院的整体组织和每个学院的个性特征可能是剑桥最为引人入胜的部分。这是有机秩序的完美范例。在每一层面上保持完美平衡,同时每个部分和谐统一。"②

若能够接受亚氏的有机秩序"平衡论",不难发现这片剑桥大学的校园中,有机秩序的表达也渗透在格局、肌理、形制、形式四个完整层面。每一个层面都表达出局部与整体之间的"平衡"。

第一,格局层面。与自然环境的空间关系方面,作为局部的各学院单元处理手法与校园整体原则一致之间的平衡。各学院单元沿"河流和城镇的主街道"展开,作为整体,它们与周边环境有着融洽的空间边界关系,既有大区分野又有小渗透,建筑群体完美地融合在环境背景中。而单个学院单元与周边环境之间的空间关系处理,虽然细节上各不相同,但全然遵循这种与环境的整体性融合、共生关系。

第二,肌理层面。不同学院单元建筑投影与基地之间图底关系的个体随机与整体相对均质之间的平衡。每一个学院基本都采用了长条形单廊建筑围合的庭院模式,虽然其建筑的长度、宽度和围合大小,以及单元的朝向和彼此之间的距离都有所差别,但总体上,学院单元建筑与基地之间的投影图底关系表达较为一致,呈现一定的均质性。

第三,形制层面。建造规模、组成布局、建筑体量三方面在不同学院单元之间的差异与整体接近之间的平衡。这是亚氏最为强调的一部分。所有学院均采用三合或四合院落,院落规模虽各不相同但较为接近,建筑主体体量一般为3～4层(局部穿插更高的建筑),各学院附属的入口、步行道、桥梁等元素设置相似。各学院单元的具体形制可谓和而不同。

第四,形式层面。各单元单体建筑形式语言的多样与整体统一之间的平衡。虽然这些院落建筑形式风格多样,例如国王学院礼拜堂的哥特式、克莱尔学院的文艺振兴式、国王学院吉布斯大楼的古典式等③,但各种风格之间的造型、结构和空间变化并非"断裂"式,而是能明显观察到跟随时代变迁的规律性、连续性表达。另外,材料、构造与色彩也均围绕着天然石材为主展现,而且不同时期不同建筑的石材质地和色彩均有细微差异,这都加强了形式层面的多样融合与平衡。

2) 传统乡村中的有机秩序

历经千百年传承的中国传统乡村同样具备"有机秩序",而且是乡村人居环境的核心特征。与剑桥大学校园的各学院主体不同,中国传统乡村空间以农宅为主。两者虽然存在东方与西方、乡村与城市、校舍与农居等多种差异,但同样保持着局部与整体之间"平衡"的特质。

---

① ［美］C. 亚历山大,M. 西尔佛斯坦,S. 安吉尔,等. 俄勒冈实验［M］. 赵冰,刘小虎,译. 北京:知识产权出版社,2002:4.

② ［美］C. 亚历山大,M. 西尔佛斯坦,S. 安吉尔,等. 俄勒冈实验［M］. 赵冰,刘小虎,译. 北京:知识产权出版社,2002:2.

③ 张春单. 浅析剑桥大学建筑风格演变［J］. 建筑与文化,2009(09):101-103.

首先,格局层面。与自然环境的界面关系方面,农宅单元个体建造行为多样与村落营建发展整体原则一致之间存在平衡。由农耕文明传承下来的阴阳理论、天地人合一观念、儒家传统,汇成了中国乡村尊重自然、有节制利用自然、敬惜耕地的习俗。因此,传统自然村落的营建总体上是以顺应自然环境并与其和谐相处的姿态存在。虽然各农宅单元个体建造行为与自然环境的空间关系处理手法不尽相同,但它们长期遵循与自然相和谐的整体村落营建原则,对耕地、林地、山地、水体的利用和征占始终保持高度克制。例如,杭嘉湖平原嘉善大陆浜村(图3.2),是典型传统水乡自然村落格局,农宅均沿水系的纵横流向紧贴布置,其余陆地除道路与少量公建占用外均最大限度保留用于耕地,农宅单元的新建与生长虽然有占地多寡、离河远近等不同选择,但均不违越整体营建原则。

图3.2　杭嘉湖平原村庄格局
(资料来源:谷歌地图)

其次,肌理层面。农宅单元建筑投影与基地下垫面之间图底关系的个体随机与整体相对均质之间存在平衡。由于农宅单元的建造时序有先后,对既有地貌环境和周边建筑有不同的顺应和避让选择,农宅建造需求、偏好等方面存在微差,因此建筑肌理表现出一定的随机差异甚至是一定程度的局部紊乱。但是,由于传统村落总体以普通农宅为主体,农户人口规模、耕地分布、生活方式、经济条件都比较接近,因而绝大部分建筑单体的平面规模类似,从而有效地控制了宅群肌理的相对均质性。例如,浙江湖州长兴县新川村(图3.3),是典型山地丘陵地形自然村落,以农宅为主的建筑群体集中于山脉的峡谷地带,其建筑肌理随着建筑单体的大小、方向和间距差异表达出一定程度的随机紊乱,但整体呈现出柔韧的相对均质性。

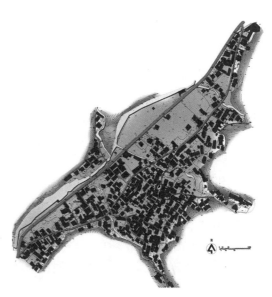

图3.3　湖州长兴县新川村宅群肌理
(资料来源:项目组)

再次,形制层面:农宅单元之间在规模、布局、体量三方面的个体差异与整体接近之间的平衡。普通农户家庭农耕生活方式接近,家庭人口规模和经济条件差异较小,导致农宅单元之间形制接近,然而,具体到各户,彼此又存在微差,和而不同。例如,杭州市三墩镇杜甫村(图3.4),其农宅院落单元的规模、布局十分接近,建筑基地面积差异不大,建筑高度均为2~3层,但任何两个农宅院落之间不存在具体形制重复。

最后,形式层面。农宅单元的单体建筑形式语言多样与建筑群体形式和谐统一。由于传统乡村生存理念、生活方式接近,特别是非常通用的土木或砖木材料及其建造技术,从总体上框定了传统乡村建筑形式在造型、空间、结构、材料、构造、色彩等方面的综合特征。同时,这些特征在每一户农宅建筑的具体表达中又发生着难以重复的差异和突变,促成了建筑形式的个体多样与整体统一之间的平衡。例如,安徽西递村(图3.5),农宅建筑整体上延续了方整平面、双坡屋面、马头墙等造型元素,砖混(或框架)结构,小青瓦、黏土砖等经典建造材料,以及粉墙黛瓦色彩表现等具有历史特征的建筑形式表达,但每一户在具体需求和建造上的个性化差异表达,又创造出无穷的丰富。

图 3.4 杭州三墩镇杜甫村农宅规制
（资料来源:浦欣成）

图 3.5 安徽西递古农宅形式
（资料来源:Baidu 图库）

格局、肌理、形制、形式四个层级上的有机秩序,是传统乡村人居环境的重要特征,与城市(特别是现代城市)人居环境相比存在重大差异特征,因而成为乡村自身重要的潜在价值优势。

3）有机秩序的生成过程

传统乡村是古老的人类聚居空间,它具有四个类似有机生命的生长和发展特征,这是形成村落有机秩序的根本原因。

（1）遵循自然。乡村空间格局发展长期遵照自然规律、尊重人与土地的"伦理"关系,空间拓展大多顺从现状自然条件进行。比较而言,城市空间拓展,更强调人为预设,以规则、紧凑、高效等为导向,人类意志倾向于凌驾于自然条件之上。

（2）缓慢成长。村庄的格局拓展、肌理发展主要伴随人口自然增长,以血缘关系为基础,速度迟缓。比较而言,城市(特别是现代城市)的发展是以地缘、业缘关系为主,可以在短时间内发生人口快速集聚,从而推动空间高速拓展。

（3）新陈代谢。同生命体的新陈代谢一样,构成乡村的基本生发单元(农宅为主),需要不断更新,旧的败落被新的替换,这是必要的,也是不可避免的。

（4）相似相续。这是核心特征。任何生命体都有新陈代谢,但它们总能保持相邻阶段各方面特征的相似与相续,绝不会发生整体性突变。自然村落长期的生长和发展也是如此,宏观整体的格局、肌理,微观单元的形制、形式,其变化总是缓慢而连续的,有规律可循的,一般不会出现整体文脉的断裂。

　　有机秩序是村落自然生发过程中缓慢积累起来的,是与多代当地村民的日常生活深深渗透和牢牢捆绑的,是村民思维意识与行为活动在漫长时空中的复杂堆积。某种意义上说,乡村人居环境有机秩序是被鲜活历史浸润和滋养着的有灵魂的生命体。任何擅用城市的观点和方式,都难以在短时间内复制或创造这种有机秩序。

3.2　当前乡村人居环境建设的问题

　　当前大多数乡村,特别是欠发达地区乡村,其人居环境普遍存在有机秩序退化、现代功能滞后等问题,而且其经济社会也面临着城乡收入差距过大、乡村社会严重衰弱等问题。

3.2.1　乡村人居环境现状表现

1)有机秩序退化

　　中国自从进入转型期,特别是改革开放后,许多乡村的原生有机秩序逐渐退化,甚至面临消逝。这种退化大多是由村庄内部土地资源不恰当开发利用和农宅为主的建筑新建活动所造成的。它或多或少直接影响了格局、肌理、形制、形式四个层面的人居环境有机秩序平衡状。

　　首先,村域格局秩序受损。虽然政府乃至社会各界对乡村山林、耕地、水体等自然环境保护的各种规定和呼声日益强烈,但由于乡村规划依据及执行力欠缺、审批制度不健全等因素,多见私下违规建设农宅、厂房以及开发资源,致使自然与人工和谐界面关系破坏(图3.6)。

图 3.6　被肆意开发破坏的村域格局

(资料来源:朱怀)

　　其次,宅群肌理秩序走样。农宅盲目扎堆、超常规建造,甚至随意搭建附属工厂作坊,打破了农宅之间原有的关于平面大小、间距等的相对均衡状态。与中、西部地区乡村比较而言,东部地区"土地经济"更加活跃,为经济利益而肆意建造厂房或扩建住宅等,往往造成当地乡村严重的、不可逆的建筑肌理破坏,甚至危及村域格局秩序。

再次,农宅形制秩序异化。一些乡村的村民攀比心理严重,建房无序竞争,加上管理不严,往往造成规模、组成和体量等特征失控,个别地区的农宅甚至建到6层以上高度、上千平方米规模,完全偏离乡土农宅的应有定位。形制秩序的局部退化若过于严重,还会影响到建筑群体的肌理秩序。

最后,建筑形式秩序紊乱。这是有机秩序失衡最普遍、最严重的表现方面。由于城乡间互动增加,城市现代建筑的造型、空间、结构、材料、色彩等元素渗入乡村,并与本土发生局部、片面和不彻底的融合。建造于不同年代的农宅混杂、叠合,导致乡村建筑整体风貌混乱。

此外,当前许多乡村社区的微景观存在问题。例如道旁绿化、小道铺装、花坛、宅间空地、公交站台、标识、路灯、垃圾收集点等,由于缺乏设计营造、管理维护而显得脏乱,造成村落只可远观却难以亲近的尴尬境地。社区微景观更像是人居环境的细碎附件,它们的现状问题在客观上加重了乡村人居环境有机秩序的退化印象。

2)现代功能滞后

不仅有机秩序退化,许多乡村缺乏足够的现代基础设施、公共服务设施以及家庭生活设施,因而现代功能整体滞后。

(1)基础设施方面。道路、水电等状况虽有改善,但总体依然不足。特别在欠发达地区乡村,道路硬化、洁净自来水、足够容量且线路稳定的电力供应均亟待改善。

(2)公共服务设施方面。在传统社会时期,由于儒家意识形态作用,大部分村庄(或多个自然村群体)普遍拥有共同出资建造与维护的宗族祠堂,作为村民公共聚会、议事、祭祀等集体活动场所。同时,在外为官经商的本村人在发达或告老以后,也总不忘恩泽故乡,为家乡修桥铺路、捐资设学。对共同祖先的崇敬以及叶落归根的朴素思想,让乡村内部形成了天然的凝聚力。外部资源不断被带回,本地人则尽心出力维护,促成了乡村公共设施建设与更新的良性循环。20世纪初进入转型期后,这种循环迅速终止。直到改革开放前,乡村设施建设又主要以农田、水利等农业生产为导向。改革开放后,国家虽然加大对乡村公共服务设施投入,但与城镇相比,教育、医疗、文娱、商业等公共服务设施缺失情况普遍。

(3)家庭生活设施方面。随着城乡间物质与信息交流日益紧密,村民生活的理念和方式发生了很多转变,对卫生、通风、光照甚至隐私等舒适性内容有了新要求,但现有农居,特别是欠发达地区农居,往往不能满足这些现代需求,甚至一些年久失修的土坯或木构农宅连基本的结构安全都难以保证。

3.2.2　乡村经济社会现状困境

乡村不仅遇到了人居环境的有机秩序退化、现代功能滞后问题,更面临着经济社会的普遍困境。其中经济困境是导致社会困境的主要因素。

(1)经济方面。改革开放以来,农民家庭收入虽然明显增长,但是由于农民基数庞大、农产品价格水平长期偏低、利润分配结构不合理等多方面因素影响,在总体上城乡家庭收入差距却不断扩大,特别是自 2002 年以后,城乡居民收入差距连续 12 年保持在 3 倍以上的高位。同时,由于乡镇企业在 90 年代末的大量关停、倒闭和私有化,导致乡村集体经济收益也捉襟见肘。

(2) 社会方面。正是由于城乡收入差距过大,出现了乡村年轻劳动力过量流失现象。2008 年,中国农业从业人员结构调查显示,30 岁以下人员占比仅 20.2%[1],目前这一数值已变得更低。这引发了留守老人、妇女和儿童等弱势群体社会问题。2010 年,对四川省传统农业型城市内江的三个村(寿溪、三山、尖山)进行调查表明,当地农业劳动力中 50 岁以上人员占比高达 71.6%[2],类似现象在全国乡村比比皆是。青壮年劳动力长期过度流向城镇导致了乡村社会整体衰落,乡村严重缺乏自我管理与组织的能力,社区呈现"原子化"[3]现象,不仅导致社会风气迅速下滑,而且违规建造和破坏人居环境的行为屡见不鲜。

从某种意义上说,乡村建设中的人居环境建设只是其中一个重要组成部分,而推动乡村经济社会长效改善、振兴乡村是根本要旨。

3.2.3　乡村人居环境建设误区及其隐患

1) 表现及其原因

(1) 误区表现。当前,由政府主导的新农村建设多见乡村社区过度集聚现象。其表现是按照高度集约利用土地的原则,将大量自然村迁并,进行乡村社区空间重塑,大多形成了类似城镇住宅小区的"新村落"(图 3.7)。这成为目前乡村人居环境建设的最主要误区。该现象最初发生在经济发达地区中心城市的周边乡村,此后逐渐向中远郊乡村深度蔓延。例如,2008 年始,浙江嘉兴启动"两分两换"[4],拟将当地原生的约 13 000 个自然村合并为 40 个左右的新市镇和 400 个左右的城乡一体新社区,远期人均用地面积为 110 m²[5]。2009 年苏州市拟采取类似方式,拟将 20 914 个自然村落居民点集中到 2 517 个集聚居民点[6]。2014 年开始,山东省实行大面积"去农村化",拟撤并 2.1 万个村庄组建农村新型社区[7]。

总体上,虽然这种集聚现象能够在乡村短期内实现公共服务、基础设施以及家庭空间设施等现代功能方面的提升,但是也完全否定了延续千百年的、自然生长的乡村人居环境价值,从根本上"格式化"了有机秩序,彻底割裂乡土文脉。具体而言,乡村社区集聚通常会出现呆板、刚性的空间格局,这严重破坏了自然环境与人工环境的和谐界面关系,失去了尊重

---

① 国务院第二次全国农业普查领导小组办公室,中华人民共和国国家统计局.中国第二次全国农业普查资料综合提要[M].北京:中国统计出版社,2008.

② 王英.农业劳动力老龄化背景下的土地流转研究[D].重庆:西南大学,2012:20.

③ 注:"原子化"常被社会学学者用来形容今日中国乡村社会结构与治理状态,主要表现为人际关系疏离、个人与公共世界疏离,以及既有规范失灵、道德水准下降等。

④ 注:嘉兴地区推进新农村建设的"两分两换"政策,指农户住宅基地与其承包地分开,以住宅基地置换城镇房产,以土地承包经营权置换社会保障。

⑤ 《嘉兴市域总体规划(2008—2020)》

⑥ 苏州市规划局内部文稿.《基于城乡建设的村庄现代化和科学发展探索》.2009 年 7 月

⑦ 《山东省农村新型合区和新农村发展规划(2014—2030)》

图 3.7　过度集聚的乡村社区

（资料来源：Baidu 图库）

自然、有节制利用自然的乡土传统。由于整体、快速的营建方式,完全改变了缓慢生长的乡村发展特质,导致以农宅为主的建筑彻底失去建造的随机性,出现了机械式、过度均质化的单调肌理。此外,为防止农户之间闹矛盾而引发农宅分配不利,农宅设计一般只有少数若干户型可选,而且往往十分接近,这导致了大量农宅形制、形式的高度一致。这些因素共同造成了乡村原生有机秩序不可逆地彻底消亡。

（2）造成误区的原因。导致乡村社区过度集聚现象的主要原因,是快速城镇化对建设发展用地的大量需求。其主要表现有三方面。首先,中国耕地与建设发展用地,两者的分布高度重合。占国土面积仅 19％的适建区域,集中了 55％的耕地面积(约 9.9 亿亩),且囊括了大部分质量最好的耕地;占国土面积 29％的适宜度次级的限建用地区域,集中了我国31％的耕地(约 5.58 亿亩);剩余多达 52％的国土区域不适宜作为城镇建设用地[1]。那么,能否通过新开垦足够的耕地来回补耕地面积？答案是否定的。全国集中连片后备耕地资源为 734.39 万公顷(约合 1.1 亿亩),仅为现有耕地面积的 6％,且主要分布在东北、内蒙古和西部的干旱地区,有很大的开发和利用障碍[2]。因此,人口进一步城镇化所需要的新增建设用地空间,受到耕地红线的刚性约束。

其次,地方政府产生了对土地财政的严重依赖。1994 年分税制改革,调整了中央与地方的利益关系,导致地方政府的财权萎缩、事权增加。为了获得更多的资金来源,土地财政逐渐成为最快捷和行之有效的途径。近年来,土地财政收入对于地方经济日益重要,通过土地出让带来的政府收益在多数地区权重极高。2010 年,仅土地出让金一项,占全国各地方本级财政收入的平均权重高达 66.5％[3]。

---

①　《中国城市发展报告 2012》

②　中国国土资源部《全国国土资源调查评价 2011》

③　CEIC 香港环亚经济数据有限公司(2010)

再次,2008 年颁布《城乡建设用地增减挂钩试点管理办法》,允许耕地占补平衡①,将节省出来的土地指标转化为城镇建设发展用地,并通过出让土地维持地方财政。这一政策与上述两个因素,共同推动了政府主导的乡村社区过度集聚行为。

2)隐患

乡村社区集聚对临近城市边界、生产生活已经被城市明显同化的少数村落,具有积极的一面。但是,如果过度集聚现象向中远郊乡村蔓延,将对当地经济社会长期稳定发展构成严重隐患。首先,农民由此得到的可持续收益十分有限。不少地区乡村社区集聚的主要目的并非是为了农民和乡村增收,而是利用政府对国家土地资源的垄断,通过一系列运作将原本属于农民的土地资本化后进入市场拍卖。因此,从目的性来讲,乡村社区集聚本身是一场与乡村利益关联度较低的城市"盛宴"。农民从中仅能分得土地资本化收益中的一小部分,例如基础设施、公共服务设施、住房条件等现代功能的提升,有的地区还通过引导农民土地永久流转(如嘉兴地区)给予一定程度的社保待遇。但实际上,中远郊乡村的农民并没有因此获得可持续的明显增收。一是农户可能还要倒贴一部分钱才能获得新建住房或较低标准的社保待遇。二是当地老年人、妇女等弱势群体中的大多数难以通过乡村社区集聚获取可观的长期稳定收益来源,甚至随着土地流转或者耕种不便,原生农业型乡村的就业往往不升反降,造成产业的空心化趋势。更重要的是,由于乡村原生的有机秩序被完全破坏,乡村相对于城镇的人居环境核心差异优势消失,很可能阻塞了农民未来增收的重要渠道。

其次,从乡村社会角度看,由于盲目的乡村社区集聚难以给乡村带来可持续的就业与较好收益预期,城乡收入差距无法在短期内缩小,绝大部分中青年人依然不会愿意回归乡村,因而乡村社会衰落的困境必定难以根除。即便可以通过引导耕地流转,实行规模化经营能够为农民增收,但对于人多地少的中国乡村而言,这意味着乡村人口将大量缩减,这不仅会对国内非农就业产生巨大压力,更重要的是很可能导致自然村继续大量消亡,乡村社会持续凋敝。

3.3 新型城乡交换背景下的乡村人居环境有机更新理念

在建筑学领域里,乡村人居环境建设应如何面对有机秩序退化、现代功能滞后这两个核心问题,与乡村经济社会问题又会有何种联系?一般而言,通过人居环境建设来弥补乡村滞后的现代功能是毋庸置疑的,因为这是提升乡村居住和生活条件、分享现代化成果的基本要求。但是,在面对有机秩序退化的问题上,是否可以这样认为:现代社会中,乡村漫长发展历史中遗传下来的、已经发生一定程度退化的人居环境有机秩序,已经变得可有可无?更直接

---

① 注:中国国土资源部 2008 年正式颁布了《城乡建设用地增减挂钩试点管理办法》,其目的是实现城乡土地的占补平衡,该试点管理办法的原文表述如下:"依据土地利用总体规划,将若干拟整理复垦为耕地的农村建设用地地块(即拆旧地块)和拟用于城镇建设的地块(即建新地块)等面积共同组成建新拆旧项目区(以下简称"项目区"),通过建新拆旧和土地整理复垦等措施,在保证项目区内各类土地面积平衡的基础上,最终实现增加耕地有效面积,提高耕地质量,节约集约利用建设用地,城乡用地布局更合理的目标。"

地讲,对于乡村振兴而言,有机秩序本身是否已经不存在任何关于改善乡村经济乃至社会困境的意义,因而可以被彻底重构或删除?

上述观点是不正确的。因为当代中国经济发展、中产阶层兴起及其新需求产生、现代交通和信息手段在乡村中的渗透,已经为新型的城乡交换创造了契机,从而为乡村经济社会振兴提供良好条件。而新时代中,有机秩序和现代功能,均是推动乡村人居环境成为乡村内部"新价值体"的核心要素,它们的合力能够促进该"新价值体"进入城乡交换过程,实现农民增收和乡村经济乃至社会振兴。在此意义上,乡村人居环境建设并非孤立的建筑学问题,必然要与乡村经济社会的全面发展紧密结合。

3.3.1 乡村经济社会发展与新型城乡交换

1) 城乡交换进入新时代

从长远看,我国乡村将长期保有大量人口,到 2020 年乡村将依然保有 6 亿以上人口规模,即便远期人口城镇化率接近 70%,乡村地区仍将有 5 亿人口生活着。这是乡村发展的长期刚性约束。而要彻底改善当前乡村普遍面临的城乡收入差距过大、乡村社会衰弱的经济和社会困境,促成乡村振兴,其关键是缩小城乡收入差距,实现农民增收,而且要想方设法让农民在"家门口"增收。

要实现这个目标,需要政治、经济等多种手段互相配合。其中,非常重要的,是通过商品交换达到财富在城乡之间的合理分配。因此,新时代背景下的城乡交换方式将成为农民增收的关键。

关于城乡交换,费孝通先生早在中华人民共和国成立前就提出,其关键在于城市,他认为:"要使他们(乡村居民)的收入增加,只有扩充和疏通乡市的往来,亟力从发展都市入手去安定和扩大农业品的市场,乡村才有繁荣的希望。"[①]

但是,近百年来的城乡交换一直处于失衡状态。中华人民共和国成立前,随着人口、物资、资金等向城市巨量转移,国外优势工业产品占领市场,乡村不断被削弱,城乡交换平衡逐步被打破。而且,中华人民共和国成立前中国城市人口占比仅 10%,国弱民贫,要让 1 个城市人负担 9 个农民脱贫,几无可能。中华人民共和国成立后,快速工业化的压力逼迫国家以工农业剪刀差对乡村进行长期过度的价值提取,城乡交换严重失衡。改革开放后,快速城镇化导向下,失衡状态依然未能消除。

然而,当前城乡交换正悄然迎来质变,2012 年人口城镇化率超过 50%,国家经济总量世界第二,进出口贸易总额问鼎全球。城市已经具备了带动乡村及其产业发展和转型的实力。充分利用时代机遇,扭转长期以来的城乡交换失衡状态,让资金、资源从城市能够等值回补乡村,乡村振兴就有可能实现。

---

① 注:"乡村和都市是相关一体。…都市成了粮食的大市场,市场愈大,粮食的价值也愈高,乡村里人得利也愈多。……另一方面……都市就用工业制造去换取乡村里的粮食和工业原料。乡市之间的商业愈繁荣,双方居民的生活程度也愈高。……要使他们(乡村居民)的收入增加,只有扩充和疏通乡市的往来,亟力从发展都市入手去安定和扩大农业品的市场,乡村才有繁荣的希望。"(费孝通.乡土重建[M].长沙:岳麓书社,2012:13-14)

2）新型城乡交换的乡村外部契机

与传统的、失衡的城乡交换不同,建立更加公平有效的"新型城乡交换",是乡村振兴的关键。当前,这种新型交换已经具备两个基本契机:现代化的交换媒介(手段),城镇中产阶层兴起及其新需求取向(动力)。

(1)手段:现代交通与信息媒介。新型城乡交换已拥有基础性的现代交换手段——交通与信息渠道。随着国家基础设施建设日趋完善,全国范围的现代交通与信息网络已基本形成,这是建立新型城乡交换,实现方便、及时、准确、可控等要求的保障手段。

公路网是广大乡村连接外界的重要物流通道。我国目前已拥有世界上规模最大的高速公路网①。国道、省道、县道、乡道建设也已十分完善,而且"村村通"工程已经基本实现了硬化道路到达行政村的目标。乡村能够达成与大中城镇的快速交通连接。(图3.8)

图3.8　高速公路网

(资料来源:中国高速网)

---

①　注:中国高速公路网,由7条首都放射线、9条南北纵线和18条东西横线组成,总规模约8.5万 km。到2030年,中国国家高速公路网进一步完善,西部将增加两条南北纵线,总里程将增至11.8万 km(以上源自《国家公路网规划(2013—2030年)》)。

信息流畅通同样是建立新型城乡交换的重要手段。目前,国内有线或无线通信网已基本实现全覆盖。2013年底,我国互联网普及率为45.8%,网民规模达6.18亿,其中手机网民规模为5亿[1],智能手机普及率已达47%。通信网的全面敷设和网络用户的不断攀升,以及智能手机应用业务的丰富和深化,能有效打破城乡交换的信息壁垒:①城镇居民可以方便了解乡村物产与资源讯息、选择产品或服务,甚至跟踪物流行程;②城镇居民如驻留乡村,依然能保持与外界联系畅通。

(2)动力:中产阶层兴起及其新需求取向。中产阶层的规模,是一个国家社会发展与国民富裕程度的重要标志。当前,中国的中产阶层已初具规模,且日趋庞大,他们大部分集中在城镇。2012年底,中国城镇常住人口比例已经超过50%(7亿以上)。中国社会科学院《2011年城市蓝皮书》显示,2009年底,中国城市中等收入阶层规模已达2.3亿人。近年及今后一段时期中产阶层人口的年均增速约在1000万左右。这与改革开放初期,10亿国人8亿贫穷农民,还有2亿低收入城镇居民的状况已是天壤之别。让一部分人先富起来的目标初步实现。

中产阶层能为新型城乡交换提供动力。一方面,他们拥有可观的购买能力。中产及精英阶层是最富裕的社会群体,成为长期巨大的购买力源泉;另一方面,他们拥有多样化的新需求。随着住房、汽车等大件生活用品的基本满足,以及社保、医疗、养老、教育等福利的充分享有,中产阶层的消费观念已转向健康、文化、环保等领域。

在中产阶层的众多新需求中,可能导向乡村人居环境的是他们对优美环境与慢生活氛围的需求。一方面,中国城镇在土地财政的路径依赖下"摊大饼"式高度扩张,使得生活环境质量严重下降,例如,交通堵塞、空气污染、热岛效应、雾霾现象,特别是全国城市建成区人均公共绿地面积仅8.98 m²,远低于发达国家[2],因此中产阶层对优良生活环境有强烈需求。而且,随着国内老龄化社会的逐渐来临,如果城市无法满足其颐养诉求,一些自然环境良好且基础设施完备的乡村将有可能成为老年人倾心的区域。另一方面,近20年来的城镇高速更新和扩张,城市文明淹没在现代化浪潮中,房价高企、交通拥堵、教育与医疗资源分布不均衡、高节奏的工作、社会人际关系冷漠,甚至孩子都面临着巨大的升学竞争等等,这一系列问题,造成了大量城市人口前所未有的心理压力,而中产阶层作为社会的中坚力量,更是肩负着承重的责任,他们比一般人更有能力也更渴望偶尔有机会换一种生活状态。当前,日益高涨的国人旅游热背后,就有着这种文化体验诉求的强力推动。然而,国内不少经典的村镇旅游景点,一旦被开发就往往面临过度商业化的负面结局(例如丽江、乌镇、凤凰等)。

此外,中产阶层对健康安全的农产品也存在长期需求。农药、化肥、激素、添加剂的滥用,已经严重威胁农产品质量。特别是近年来曝出的诸如三聚氰胺、瘦肉精等食品安全事件,进一步促发了国人特别是中上阶层的饮食观念转变,附加值更高、质量更有保障的安全食品普遍获得青睐。

---

① 中国互联网络信息中心.2014年1月

② 注:《2008年中国国土绿化状况公报》显示:全国城市建成区人均公共绿地面积仅8.98 m²,远远低于柏林约50 m²、华盛顿约45 m²、莫斯科约44 m²。

3）乡村经济社会振兴愿景：“小国寡民”的新生

倘若广大乡村能够利用现代交通与信息媒介，迎合不断扩大的城镇中产阶层新需求，提供有机秩序、现代功能兼备的人居环境等新价值体，建立更加直接、多样、高附加值的新型城乡交换体系，那么乡村经济社会就有可能快速进入振兴通道。

关于国家治理的理想状态，老子《道德经》这样描述：“小国寡民。……甘其食，美其服，安其居，乐其俗。邻国相望，鸡犬之声相闻，民至老死不相往来。”[①]现代语境中，老子这一理想同样将在振兴的乡村中以新姿态重现。

首先，老子所言的“国”与“乡村”是相通的。“国”，在此并非一定理解成较大尺度的邦国，从“邻国相望，鸡犬之声相闻”的关于视觉与听觉的距离感描述判断，完全可以将“国”理解成小尺度的人居社区。因而，“小国寡民”的空间尺度与人口数量，与当代村庄的场景亦是相符合的。

其次，“民至老死不相往来”具备当代内涵。在《道德经》的理想传统社会中，男耕女织、自给自足方式自然促成了“不相往来”的安泰局面。至近现代，各种资源向城市集聚，城乡差距快速扩大，农民都希望离开家乡进入城镇讨生活，“不相往来”的局面被打破。但是，在未来，随着城镇中产阶层兴起及其新需求产生、现代物流与信息网完善，如果乡村能够抓住机遇，将“新价值体”成功纳入更加平等的新型城乡交换体系，乡村振兴就有希望。这样，农村居民，特别是中青年人，不必进入城镇就能在家乡较好地生活和创业，甘食、美服、安居、乐俗，守护和建设家乡。

因此，不同于传统时期的封闭自足，也不同于转型时期的城乡失衡，未来的乡村社区很可能在公平、均衡、高效的新型城乡交换基础上，以开放、交融、互惠的姿态，实现新时代的“小国寡民”理想之境。

3.3.2　新型城乡交换要求下的乡村人居环境特征条件

面对勃兴的城镇中产阶层对优美环境与慢生活氛围的需求，乡村如能提供有机秩序、现代功能这两种要素兼备的人居环境，以此作为乡村内部的新价值体，凭借现代交通与信息媒介，就能吸引中产阶层进入，从而与外部实现新型城乡交换。需要注意的是，乡村人居环境作为新价值体进入城乡交换时，与其他普通商品价值体不同之处在于：它必须由外来客人进入乡村，并通过游览、餐饮、住宿等消费方式间接兑现。

有机秩序与现代功能作为关键要素，在推动乡村人居环境成为乡村内部新价值体过程中的作用稍有差异。一方面，有机秩序起主导作用，这是因为相对城镇人居环境而言，有机秩序是乡村人居环境的核心差异优势。拥有有机秩序的乡村，保持和延续了传统营建格局，遵循自然规律，天然山体、水体、植被及田地占据大部分空间，空气清新、声环境静谧，人口和建筑密度低，建筑肌理相对自由分散又柔韧有序，建筑形制与形式和谐多样。而承载于乡村有机秩序之上的是鸡犬相闻、阡陌交通的恬静和谐，以及农民长期与土地、庄稼相接触而自然拥有的淳朴、善良等传统农耕文明的人性特质。乡村人居环境有机秩序，是在乡土文化认

---

① 《道德经》第80章

同作用下缓慢地自组织发展形成。蕴含其中的历史积淀、人情意味、生活方式以及人与自然的和谐关系，与迅速创生的现代城市发生着日益强烈的互补，对中产阶层产生相当吸引力。另一方面，现代功能发挥着补充和辅助作用，因为城镇中产阶层进入乡村的动机主要是为了体验乡村人居环境所拥有的独特有机秩序，而非现代功能本身。但是，倘若缺乏现代功能设施，城镇消费人群依然难以有效驻留乡村，导致消费时间、途径受到制约，乡村收益将十分有限。最基本的现代功能，例如便利的医疗点、中小型商店和对外交通站点等公共服务设施，易通行硬化道路、稳定电力供应、达标自来水等基础设施，若是民宿为主的小型宾馆或农家乐餐厅则至少需要额外的若干房间、24 小时热水、洁净的洗手间以及环境优美的庭院等现代居住功能设施等等。

乡村人居环境作为未被"雕琢"的乡村内部新价值体，曾经长期被忽视、低估。当前，是城镇经济发展、中产阶层致富唤醒了这一潜在价值体。

3.3.3 乡村人居环境有机更新理念生成

1）内涵：有机秩序修护、现代功能植入

社区过度集聚是当前乡村建设的主要误区。它彻底否定了乡村人居环境有机秩序的当代价值，只片面强调现代功能，重创了新型城乡交换的可能性，非但无益于广大乡村经济社会困境的缓解，甚至造成重大隐患。这从客观上反证了乡村建设必须促进有机秩序与现代功能兼备的人居环境向乡村新价值体转化，推动其进入新型城乡交换，以实现农民增收乃至乡村社会振兴的根本目标。

因此，针对当前乡村人居环境的两方面核心问题，应以有机秩序修护为首要，配以现代功能的植入，双管齐下，方为正道。

有机秩序修护意在延续乡村千百年的文脉，对逐渐退化和消逝的有机秩序进行必要的修复、保护和培育，实现有机秩序在村域空间格局、建筑群体肌理、空间单元形制、建筑单体形式四个层次上的"再平衡"。对广大中远郊乡村而言，应充分保护其原生的人工环境与自然环境和谐的村落空间格局，停止和尽可能修复既成的破坏；保护以农宅建筑为主体的随机与均质并存的现状建筑群体肌理；尽量保留农宅单元形制在规模、布局、体量上的个体存在差异与整体彼此接近的特点；尽可能实现建筑单体形式在造型、空间、构造、材料、色彩等方面的多样与统一。但是，这种"再平衡"并非单纯保持现状或简单复古，应充分结合现代需求、技术、审美等要求。同时，有机秩序修护还需配入对乡村社区"微景观"脏乱现象的整治，作为有机秩序修护的重要补充。有机秩序修护最终是为了保留乡村特色，强化优美环境与慢生活氛围的乡村人居环境差异优势。

现代功能植入应在尽量减小对现有人居环境有机秩序不利影响的前提下，将公共服务、基础设施、家庭生活空间设施等现代功能巧妙植入、融合。既让村民充分享有与城镇相当的现代文明便利，同时也为城镇来客的长、短期驻留提供基础条件。公共服务方面应该包括社区服务、医疗、养老、教育、商业等内容；基础设施方面，应实现村内主要道路必要的硬化和拓宽，保证稳定电力和洁净饮用水的供应，同时注重生活污水处理和合理排放等；家庭生活空间设施方面，应特别注重改善堂屋、厨房、卫生间、卧室等方面的舒适性。

有机秩序修护、现代功能植入的乡村人居环境更新,采取了传承和发展的兼容态度。秩序的修护能够激发乡村差异优势,功能的植入可以改善乡村劣势,两相结合,推动乡村人居环境向新价值体转化,促成新型城乡交换。随着城镇中产阶层迅速兴起,一定程度的逆城市化倾向或不可避免。有机秩序与现代功能并重的美丽乡村,能够吸引城镇中产阶层进入、逗留、消费,实现乡村增收,有助于改善当地的经济社会困境。

2) 乡村更新与城市有机更新的关联

以有机秩序修护、现代功能植入为核心的乡村人居环境更新理念,其实与城市有机更新具有相当的关联度。

有机更新理论与方法肇端于城市,是为了应对城市街区、街道改造时采取"大拆大建"模式使得原有城市肌理被破坏、传统街道生活空间气息彻底消亡的不良现象。其主要思想是将城市的整体和局部关系、生成与发展关系,类比成有机生命体,在城市更新建设中,模拟生命体不断新陈代谢的同时又基本保持自身特征、性状相似相续的自然演化。

(1) 西方源流。第二次世界大战以后,欧洲大陆兴起了大规模的城市更新运动。适逢现代主义城市规划与建筑理论的高峰期,城市更新运动也深受影响,试图通过设计师绘制宏大而美妙的方案蓝图来实现现代城市的居住理想模式。然而,这种有"独裁"与"集权"特征的大拆大建的城市更新方式,非但未取得良好效果,反而给许多城市的大量历史街区与建筑造成无可挽回的破坏,甚至随着中高收入阶层的外迁,导致了贫民窟蔓延和旧城中心的衰败[1]。

因此,20 世纪 60 年代开始,西方理论界开始了对现代主义城市更新方式的反思。这种反思,与建筑学开始脱离现代主义一元论而走向后现代多元论,关注乡土、平民、日常建筑几乎是同步发生的。重要的著作,例如,刘易斯·芒福德(Lewis Mumford)《城市发展史》、E. F. 舒马赫(E. F. Schumacher)《小的就是美的》、简·雅各布斯(Jane Jacobs)《美国大城市的生与死》、C. 亚历山大(C. Alexander)《城市不是一棵树》等,它们都对内容与形式单一的大规模城市拆建提出批评。

此后,旧城更新出现了更多的形式,内容也更加丰富。其中具有代表性的,例如美国"社区发展"(Community Development)、欧洲"历史街区修复"(Rehabilitation of Historic Site)等。同时,也形成了新的城市更新理论,相比二战后一段时期的集权式规模化现代主义城市更新,这些理论更加注重公众参与。有代表性的理论包括:参与式规划(A. 厄斯金)、倡导性规划(P. 达维多夫)、连续性规划(M. 布兰奇)、渐进式规划(E. 林德布罗姆)、公共选择规划(A. D. 索伦森)以及交流规划(T. 赛杰)等。[2]

理论界的反思,引发了城市更新的转向。在理念上从单纯的物质主义改造转变到以人为本和综合性的可持续发展。在策略与途径上从大规模推倒重建转变到更为温和的渐进式更新,同时也发生了从相对封闭的集权式城市更新决策到更为开放的民主参与的转变。

(2) 国内发展及其内涵与基本原则。城市有机更新理论源自西方 20 世纪 60 年代的城

---

① Jacobs J. The Death and Life of Great American Cities[M]. New York:Random House, 1961:279.
② 本段参考方可. 探索北京旧城居住区有机更新的适宜途径[D]. 北京:清华大学,1999:3-4,有调整。

市更新转向。它在中国提出和发展成形与之类似。该理论是吴良镛先生在 20 世纪晚期提出的关于历史文化城市旧城居住区的建设与改造方法。其主要观点就是将城市看做是从整体到局部紧密相连的有机生命体，且具有持续新陈代谢、相似相续等生命特征。其主要目的是为了减少大规模拆建式旧城更新所带来的历史文脉割裂问题。其主要内涵是尊重和延续原有旧城居住区的总体建成环境特征，采用小规模、渐进式营建方式，从局部出发，最终完成旧城居住区整体的现代转型。

其理论雏形与最初实践可追溯到 1979—1980 年由吴良镛先生领导的北京什刹海规划研究。这项规划明确提出了"有机更新"的思路，主张对原有居住建筑的处理根据房屋现状区别对待：①质量较好、具有文物价值的予以保留，房屋部分完好者加以修缮，已破败者拆除更新（上述各类比例根据对本地区进行调查的实际结果确定）；②居住区内的道路保留胡同式街坊体系；③新建住宅将单元式住宅和四合院住宅形式相结合，探索"新四合院"体系。①

上述思路在 1987 年开始的菊儿胡同住宅改造工程中得到实践，取得了有目共睹的成功。吴良镛先生在其《北京旧城与菊儿胡同》中做了如下概括：所谓"有机更新"，即采用适当规模、合适尺度，依据改造的内容与要求，妥善处理目前与将来的关系，不断提高规划设计质量，使每一片的发展达到相对的完整性，这样集无数相对完整性之和，即能促进北京旧城整体环境的改善，达到有机更新的目的②。

此后，吴先生弟子方可，在其博士论文《探索北京旧城居住区有机更新的适宜途径》中将城市有机更新的内涵细化为以下三个部分："第一，城市整体的有机性，城市从总体到细部都应当是一个有机整体（Organic Wholeness），城市的各个部分之间应像生物体的各组织一样，彼此相互关联，同时和谐共处，形成整体的秩序和活力；第二，细胞和组织更新的有机性，同生物体的新陈代谢一样，构成城市本身组织的城市细胞（如供居民居住的四合院）和城市组织（街区）也要不断地更新，这是必要而不可避免的。但新的城市细胞仍应顺应原有城市肌理；第三，更新过程的有机性，生物体的新陈代谢（是以细胞为单位进行的一种逐渐的、连续的、自然的变化）遵从其内在的秩序和规律，城市的更新亦当如此。"③

同时，方可还阐释了城市有机更新的七条原则：整体性、自发性、延续性、阶段性、人文尺度、经济性和综合效益。第一，整体性。旧城改造应研究更新地段及其周围地区的城市格局和文脉特征，保持地区城市肌理的相对完整性，例如北京菊儿胡同试验就提出了院巷体系和合院建筑模式来延续当地的现有街坊特色。第二，自发性。主张自上而下与自下而上的城市规划方法相结合，鼓励居民参与。第三，延续性。尊重居民生活习俗，继承城市在历史上创造并留存的有形和无形各类资源和财富，例如，菊儿胡同改造方案保持了原有的胡同位置和格局、有价值的四合院以及古树，新建院落沿原有的院落边界布置，建筑形式在因袭传统的基础上进行有所创新。第四，阶段性。妥善处理旧城更新中的目前与将来的关系，根据不同的实际情况，分期分阶段逐步进行。第五，人文尺度。旧城更新需注重适当建设规模和

①　方可. 探索北京旧城居住区有机更新的适宜途径[D]. 北京：清华大学，1999：10.

②　吴良镛. 北京旧城与菊儿胡同[M]. 北京：中国建筑工业出版社，1994：225.

③　方可. 探索北京旧城居住区有机更新的适宜途径[D]. 北京：清华大学，1999：193-194.

合适尺度,例如菊儿胡同 41 号院更新后形制依然是四合院,面积 2 000 m^2,建筑层数 2～3层,在规模和尺度上接近原有院落,此外,新植入的公共建筑也参考了这种合院模式及与之接近的规模与尺度。第六,经济性。根据不同的房屋质量,采用不同的更新方式,既经济又便于实施。第七,综合效益。旧城更新应尽量使社会效益、经济效益、环境效益和城市文化效益等相统一。[①]

(3) 有机更新与乡村建设相关联的产生。同城市类似,乡村的人居环境从整体到局部、生成与发展演化,也应该是有机的,特别是其原生秩序状态中各部分组成内容之间彼此互相依存、和谐共处。乡村人居环境的建设同样应该避免“大拆大建”式的乡村社区过度集聚。

同时,由新型城乡交换推导而出的有机秩序修护、现代功能植入的乡村更新理念与城市有机更新理念有重要的相似之处。

首先是对象客体相似。乡村社区与旧城区都是历史上延续下来的人类聚居区域,均以住宅为主,而且乡村与城市的产生与发展均体现出类似有机体的特征。

其次是初始条件接近。旧城区与当前乡村的既有建筑群体均存在一定的整体风貌混杂、建筑质量参差不齐现象;而公共服务、基础设施以及家庭生活空间设施等现代功能的缺失均比较明显。

再就是核心理念相通。两者均兼顾了地方文脉延续和现代化改造,特别值得注意的是:一方面,在方可先生总结的城市有机更新的整体性、自发性、延续性、阶段性、人文尺度、经济性、综合效益七条原则中,已经涉及对于保持旧城格局、肌理的完整性,新建院落延续旧院落的形制,在因袭传统的基础上进行建筑形式创新等四个方面的论述。虽然这四方面隐含在七条原则之中,并未明确而有系统地提出,但它们与新型城乡交换导向下的乡村人居环境更新,关于村域空间格局、建筑群体肌理、空间单元形制、建筑单体形式四层次有机秩序修护产生了明显的关联。另一方面,旧城区改造采取小规模、渐进方式,反对大规模拆建,这与规避乡村社区过度集聚,延续自然村落为单位的乡村人居环境更新理念也是一致的。

因此,以有机秩序修护、现代功能植入为核心理念的乡村人居环境更新,可以与城市有机更新相对应,或可较正式地称之为:乡村人居环境有机更新。

3.4 本章小结

本章运用解释分析的方法,尝试建立了乡村人居环境有机更新理念。

该理念建立的基础是针对乡村人居环境的建筑学角度认知分析,将其分为秩序、功能两大属性内容,并按照宏观至微观的顺序,将秩序分为格局、肌理、形制、形式四个层级,将功能分为面域、点域两个层级。并引入亚历山大先生提出的基于“整体与局部平衡”的“有机秩序”概念,指出有机秩序是传统乡村人居环境的重要特征。

在此基础上,明确指出当前乡村人居环境中普遍存在的有机秩序退化、现代功能滞后问

---

① 本段所罗列的七点原则,参考方可. 探索北京旧城居住区有机更新的适宜途径[D]. 北京:清华大学,1999:195-200 的相关内容整理而成。

题,阐述了乡村社区过度集聚的乡村建设误区表现,即在城市攫取乡村土地资本化大部分利益的动机之下,彻底"格式化"乡村原生有机秩序、片面强调现代功能;并解释了该建设误区并未缓解反而可能加深乡村经济收益偏低、社会组织涣散的困境。

基于对建设误区的反思,本章以促进乡村经济社会发展为根本导向,通过对当前国家发展背景下新型城乡交换外部契机的解释,提出乡村人居环境作为乡村内部新价值体进入新型城乡交换的高度可能性,并明确了有机秩序(起核心主导作用)、现代功能(起补充辅助作用)兼容并举是实现乡村人居环境新价值的必备特征条件。由此导出"有机秩序修护、现代功能植入"的有机更新理念,并将其与城市有机更新进行类比关联,指出其互通之处,从而为乡村人居环境有机更新"正名"。

本章的论述主要成果是:将乡村人居环境建设导向乡村经济社会振兴的正确轨道,并为之提供充分的解释和证明。同时,本章建立的有机更新理念也成为后续章节中更为具体的有机更新策略建构(第4章),乃至实践操作和经验总结(第5、6章)的源头。

4 "韶山试验"基地现状及其更新策略与途径

在第3章中建立了乡村人居环境有机更新的理念。本章将据此以"韶山华润希望小镇"作为实际案例依托,建构有机更新理念指导下的具体更新策略。具体首先交代了选择小镇基地的初衷,包括选址及其代表意义、基地经济社会背景,以及试验的预设条件。并对基地乡村人居环境现状秩序与功能方面的问题进行详细剖析。然后根据有机更新理念的指导,从营建方式与合作机制两方面进行具体的策略建构,为第5、6章关于实践的论述展开做铺垫。

4.1 基地选址初衷

4.1.1 选址及其代表意义

华润集团是十大央企中唯一的全产业非垄断型企业。因此其更关注、了解市场和民情,并敏锐地觉察到当前乡村在城乡差距、劳动力流失、社会衰弱等方面的严峻形势,及诸多乡村建设误区的严重隐患。为履行央企的社会责任,本着"超越利润之上的追求",华润集团发起了"华润希望小镇"系列乡村建设试验。

要进行乡村试验,就必须进行选址。而选址的前提,首先是了解当前乡村的类型,然后才能依据类型寻找潜在试验点,有的放矢。在城镇化、工业化深度发展的今天,乡村的均质性早已被打破,出现了城镇融合型、工贸对外型、历史文化型、原生农业型等多种类型。其中,原生农业型乡村占据了国内乡村的大部分比例。因此,乡村建设试验选址理应从这一类型中产生。

试验最终选点于湖南省湘潭地区韶山市的两个毗邻自然村(韶光、铁皮),有来自湖南省地方政府的机缘作用,但更重要的是出于两点考虑。第一,韶山位于中国版图的腹地,一定程度上兼具南北、东西的原生农业型乡村主要特征。从经济发展水平上看,不少东部地区已经进入后工业时期,西部少数地区还停留在传统农耕时期,而韶山所处的中部地区,正处于工业化的初中期,这是中国大部分原生农业型乡村的典型发展背景。第二,韶山是毛泽东主席的故乡,在此开展乡村试验如能取得一定成效,将具有更多的带动效应。当然,在如此高知名度的地方进行乡村建设,作为一种企业行为,也可能存在关于企业形象和声誉方面的附加考虑,但这并不是重点。

具体来看,选址对象能代表相当一部分原生农业型乡村,大致表现在以下几方面。

第一,对外交通基础或近期前景良好,距离省内大中城市车程约2小时以内,以方便物质、信息、人流交往(图4.1)。

第二,不在政府保护名录中,不属于历史文化村落,也没有其他特殊功能要求。

第三,离开城镇及工业区边缘有一定距离,耕地有较长远不被征用的可能,土壤、水体污染较小,植被保护良好。

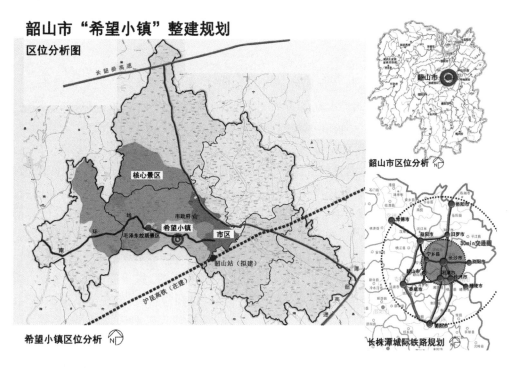

图 4.1　小镇区位(2010 年版)

(资料来源:项目组李王鸣教授团队)

第四,有年轻劳动力流失现象,但尚未出现过于严重的空心化。当地大部分农户依然保有或容易恢复耕作的习惯和意愿。

第五,未被城镇化过度影响,主体形态依然保持乡村原生面貌,而且具有一定的自然景观资源。

第六,村民虽然解决温饱问题,但收入偏低;公共服务或基础设施相对薄弱。

4.1.2　基地经济社会背景概况

乡村的经济社会与人居环境两者存在相辅相成的发展关系。人居环境建设对乡村经济社会发展应有直接推动作用,反过来,经济社会发展状况也会对人居环境建设产生影响。而当前小镇经济收益低下,社会衰弱,社会缺乏自我组织、管理、约束的足够力量等因素,成为基地人居环境有机秩序局部退化、现代功能整体滞后的重要原因。因此,需要认知其经济社会困境的具体表现并分析原因,以便改善现状,促进基地人居环境建设良性发展。

1) 经济产业收益低下

基地的经济状况不容乐观,低收益的传统农业是当地唯一重要产业。因而村民收入偏低,家庭年经济收益多数仅在 1 万～3 万区间。贫困家庭占比 15%,其年收入少于 5 000元。41%的家庭以务农作为重要收入来源①,青壮年村民依然需要外出打工贴补家用。此

---

①　上述数据由针对两村 224 户家庭的抽样调查数据统计获得。后文中的所有关于基地的调查数据均与此出处相同。

外,两村集体经济十分薄弱,仅有零星公屋、土地租赁等少量集体收益,村庄日常运行入不敷出,需政府拨款。

2) 社会组织"原子化"

小镇基地 99% 以上人口为本地居民,年均人口增长率为 1%。农户家庭规模为 3、4、5 及 5 口以上(按户籍计算),四类家庭各占约 1/4 比例。中青年劳动力流失严重,他们绝大部分进入城镇营生,仅由老人、小孩和一些妇女留守村庄。

令人担心的是,基地乡村社区整体缺乏活力和凝聚力,有明显的"原子化"倾向,导致乡村陷入治理困境。其直接原因是村民与村干部之间关系严重弱化,造成村民组织涣散。村委会已与基层民众脱节,其运行极度依赖上级财政转移支付,更多地扮演着乡镇政府派出机构的角色[1],因而村干部在基层社会的作用大为降低。其具体表现为村干部的威信衰落、责任感减少及腐败现象。取消"三提五统"和农业税之后,由于村委与村民已没有直接的利益链接,更不存在传统社会时期的儒家信仰链接,基地的村干部与村民之间互信度下降,导致其威信大幅降低。村委的工作运行对上级政府有着过度依赖性,村干部更多地变成了"科层制"的基层官员,且受约束有限,这使得个别村干部为自身利益着想,出现了不少损村利己的现象,甚至可能不惜在换届竞选中拉票、买票。此外,村干部收入偏低,例如韶光村 2012 年度财政,村书记、村主任收入仅 20 500 元(工资 18 000 元、补助 2 500 元),这是导致村干部容易权力寻租的一大诱因。村干部作用的降低造成了基地乡村社会结构的涣散,各家各户自扫门前雪,普遍对公共问题和利益漠不关心,甚至出现了赌博等不良风气。政府与农民之间、农民与农民之间,彼此出现了深层裂痕。公共关系松散,公共活动严重缺乏。

4.1.3　试验的预设条件

由于乡村经济社会的衰弱,依靠自组织力量来实现乡村人居环境更新是不现实的,必须要从外部投入足够的财力、人力、物力。韶山试验的条件设定相对理想化,在资金方面,由华润慈善基金会作为主要捐赠方,地方政府配入部分资金,村民自筹小部分资金。其中华润集团与地方政府共同承担了小镇所有公共服务设施、基础设施、景观整治等建设成本,以及一半以上的农宅更新成本。在人力方面,华润集团、地方政府与浙江大学以密切合作方式投入了较多的人员。而且依托其自身宽广丰富的产业涉猎面,华润集团下属各单位也为小镇建设提供了不少物力支持。

4.2　基地人居环境现状问题

国内乡村多见的有机秩序退化、现代功能滞后等人居环境问题,小镇基地中也同样存在。在格局、肌理、形制、形式四个秩序层级上,基地人居环境的有机特征已经发生不同程度的退化现象。在面域、点域两个功能层级上,基地的现代性严重缺失。

---

① 潘屹. 家园建设:中国农村社区建设模式分析[M]. 北京:中国社会出版社,2009:122.

4.2.1 有机秩序局部退化

1）格局秩序：局部遭受破坏

空间格局秩序是村域中自然环境与人工建成环境的整体空间关系。小镇的现状格局有机秩序总体得到延续，但局部遭受破坏。

基地处于典型的丘陵地貌区。两村气候宜人、风景秀丽，境内山林、水塘密布，水库坐落山间，总共有林地 5 840 亩、水田 1 665 亩、旱地 250 亩、水面 310 亩，耕地、林地、水体保护总体较好。过境干道南环线宽度 12 m，贯穿两村，是游客进入韶山风景区的主要通道。两村拥有"六山半水、两分半田、一分道路加农宅"的典型丘陵乡村特征（图 4.2），但是，由于山体分布的开合差异，两村呈现不同的地理特征。

图 4.2　韶山希望小镇用地现状图

（资料来源：项目组）

（1）韶光村："盆状"型。韶光村处于小镇东部片区，整体空间呈现中间低四周高的盆状形态。盆地主要分布水田，韶光河穿越其间，并有多处大小不等蓄水池塘，盆地周围低山环绕。受山体、农田分布影响，农宅大多位于农田与山体交界地带，枕山面田，沿等高线展开，并依山体分布呈现多个团簇，形成若干村民组团。农宅是村域现有建筑中的绝对主体成分。（图 4.3）

（2）铁皮村："山冲"型。铁皮村处于小镇西部片区，呈现明显山冲空间特质，十多个狭长的山冲分布在村域南北两侧，它们总体为南北向、形态狭长、深浅不一，靠近南环线的谷口处地势最低，谷口宽度 30～100 m 不等，随着山冲向山脉纵深绵延地势逐渐升高。冲内有梯田和灌溉水塘，梯田向外延伸，并在冲口附近连接成片。农宅主要位于冲内，部分位于冲口，冲内农宅枕山面田,冲外农宅均朝向南环线。农宅同样是该村域中既有建筑的绝对主体。
(图4.4)

图4.3   韶光村地理特征
(资料来源:华润集团)

图4.4   铁皮村地理特征
(资料来源:自摄)

　　尽管空间格局总体上保持了原生的丘陵乡村风貌,自然生态环境与人居建筑之间基本维持着和谐的状态。但是,有少部分农户已突破枕山面田的传统建宅习惯,通过各种正规或非正规途径将自家农宅扎堆挤向过境的南环线,占用耕地开设小型餐厅宾馆,并争相新建大面积停车场至与南环线接壤,破坏了人工与自然环境的和谐关系(图4.5)。此外,韶光村境内有约3 000 m^2的采石碎石场和预制水泥板场各一处,违规占林占耕,破坏自然环境。(图4.6)

图4.5   无序建设的菜馆
(资料来源:自摄)

图4.6   碎石场,预制水泥板场
(资料来源:自摄)

　　2)肌理秩序:基本保持
　　宅群肌理秩序是指建筑群体基底平面呈现在下垫面上的图底关系,具体包括单体建筑彼此之间的大小、方向和间距关系。小镇基地中农宅占据绝对主体,其现状的宅群肌理有机秩序基本得以保持。改革开放前,基地建筑新建基本停止;改革开放后,以农宅为主的营建活动按照传统的分散性自建方式逐渐恢复和增加,而且1990年代以后政府对宅基地大小的控制也日渐严格。因而,宅群肌理依然能够总体上保持平面大小、方向、间距的个体随机与整体相对均质之间的平衡(图4.7,图4.8)。基地宅群肌理的形成具有缓慢、随机、同构、致密化、扩散性五个特点,从而决定了肌理有机秩序难以通过城市规划设计手段进行复制。

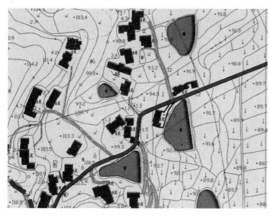

图4.7　韶光村彭家组农宅肌理
(资料来源:项目组)

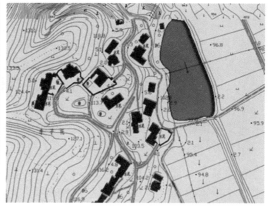

图4.8　韶光村福新组农宅肌理
(资料来源:项目组)

(1)缓慢。基地农宅建造是自下而上的自组织过程。因此,村落建筑肌理是随人口增长、家庭数量增加所引起的农宅新建活动而逐渐生长,其速率一般以"代际"为单位,十分缓慢。

(2)随机。各户农宅建筑的随机建造,并非纯粹的机械随机,而是夹带了各自家庭的理性。不同家庭根据具体的宅基地环境与生活需求,产生多样化建造取向,从而形成随机特征。其中,宅基地的独特性是产生随机性的先天条件,各户宅基地的位置、形状、方向、规模及其与周边建筑关系均独一无二;家庭生活需求是随机性产生的后天条件,家庭规模、生活方式、收入情况、个人偏好、辈分等级、邻里关系等都存在差异。因此,两类条件综合决定了建筑的大小、朝向以及与周边建筑的位置距离关系的绝对差异。

(3)同构。同构性与随机性是一体两面的特征。农宅建筑在同一个地方的同一种文化背景、相近的生活方式影响下,其投影平面的规模大小、朝向选择、与临近建筑的位置关系、开间数量、排列组合、尺寸等表现出可以量化的相似性。

(4)致密化。村落人口增长与家庭增殖,促成了宅群肌理的生长。根据中国乡村传统的父系传承关系,一般兄弟分户建造的房屋多毗邻或相近,插建是常见方式。因而,建筑肌理表现出一定的致密趋势。这可从村民小组以父系姓氏冠名得到佐证,例如韶光村就有彭家组、谢家组、毛家组等。这些村民小组各自形成地界清晰的相对集中的居住组团。此外,致密化特征还与当地人多地少的现实有关。基地户均仅约2~3亩耕地,再加上耕作距离的限制,致密化趋势不可避免。

(5)扩散性。它主要产生于致密化基础上。当村组内部空间日益局促,农宅新建自然会向组团或村落边界以外扩散。这种扩散性,也是小镇格局秩序缓慢演化的重要因素。

3）形制秩序：基本维持

农宅是小镇基地中的主体空间单元，因此空间单元的形制现状以考察农宅为主。农宅形制包括建造规模、组成布局与建筑体量等方面。小镇基地现状农宅形制彼此接近而多样，仅有极个别农户存在超标越规建造行为，因而形制有机秩序总体得以维持。

首先，建造规模。宅院（由宅基地和院落组成）平均占地约 0.7～0.8 亩，根据各户情况，大型宅院 1 亩稍多，小型宅院近 0.5 亩[1]。平均建筑面积 310 m²[2]，较大的 400～600 m²，较小的 200～400 m²。这种建造规模符合当地小农经济生产生活要求，中国其他地区乡村也是类似。其次，组成布局。农宅单元通常包含四部分。①主屋。这是农宅单元空间的核心，包括堂屋、卧室、楼梯间等。②院落。有前、侧、后院之别。前院和侧院多为向阳区域的水泥空地，一般用于粮食收割之后的晾晒、脱粒以及平日的家庭洗晒，院落边界或有中等高度的半通透院墙作为隔断，或种植果树、绿篱。后院是由农宅与其背靠的山体围合而成，直到前些年，小规模禽畜饲养等兼业型农业活动在当地较多见，因此后院通常设置有禽畜房舍，也会有农具储藏甚或旧式干厕。③附属用房。主屋的侧面或背面一般会有 1 座单层辅房，大多主要作为厨房。④自留菜园。当地农户通常会有一块面积不大的自留地，种植蔬菜，一般为 0.1～0.3 亩，它们一般位于宅院的某一侧，均属于非基本保护农田。再次，建筑体量。主要考察农宅主屋，一般 3～5 个开间，高度在 1～2 层[3]（单层主屋开间较多），多设坡屋顶阁楼。

较为一致的农宅形制，说明当地农户对生产生活方式依然保持基本认同（或者说该认同的影响力依然在总体上得到延续），基地农户家庭规模、经济条件未明显分化。

4）形式秩序：严重受损

建筑形式是指农宅单元中主要建筑单体的造型、结构、空间、材料、构造、色彩等。其决定因素主要是当地村民的建造方式认同。而且随年代变迁，这种建造认同也会呈现规律，往往一个年代阶段对应着一套较完整的建筑形式表达体系。与许多地区的村庄一样，小镇基地农宅的建筑形式变得紊乱混杂，成为当地人居环境有机秩序退化最明显的表现。

在抽样调研的基础上，可按建造年代，大致将小镇农宅的建筑形式分为四大类型[4]，分别是：1980 年代以前（占 12%）、1980 年代（占 17%）、1990 年代（占 42%）、2000—2010 年（29%）。四类农宅各占一定比例，自成体系、各具特色。

第一类，1980 年代以前建造。主屋全部是单层、方整平面、双坡屋顶、土木结构（土坯墙体、木构屋顶），构造特色上会利用挑梁支撑出挑较大的檐口以防止雨水侵蚀墙体，墙体色彩为黄泥本色，屋顶为小青瓦，多采用深色木质门窗、透明玻璃。（图 4.9）

---

①　注：抽样调查显示，小镇农居宅基地面积集中分布在 200～400 m² 和 400～600 m² 区间，分别占比 37% 与 36%，600 m² 以上占比 10%，小于 200 m² 的占比 17%。

②　注：抽样调查显示，农宅建筑面积 200～400 m² 占比 51%，200 m² 以下占 29%，400～600 m² 以上占比 16%，极少数超过 600 m² 占比 4%。

③　注：抽样调查显示，农宅主屋有 75.27% 为 2 层，23.3% 为 1 层，仅极个别农宅达到了 3 层。

④　注：根据不同年代的建造特征大致划分，偶然会有个别建筑例外，但无碍分类。

第二类,1980 年代建造。主屋绝大部分是单层、方整平面、双坡屋顶、砖木结构(实心黏土砖空斗墙、木构屋顶),檐口出挑较大,清水砖墙体本色(红灰或黄灰为主,间杂少量青灰),屋顶同样为小青瓦,多采用深红色油漆木质门窗,透明玻璃。(图 4.10)

图 4.9 1980 年代前建造农宅
(资料来源:自摄)

图 4.10 1980 年代建造的农宅
(图片来源:自摄)

第三类,1990 年代建造。主屋大多为 2 层、方整平面、双坡屋顶、砖混结构(实心黏土砖空斗墙、楼面为预制钢筋混凝土五孔板、木构屋顶),墙体多为灰白色粉刷或抹面,偶见清水砖墙(红灰或黄灰为主)或水刷石(暖灰或冷灰),屋顶依然为小青瓦,多见深绿色油漆木质门窗,透明玻璃。(图 4.11)

图 4.11 1990 年代建造的农宅
(图片来源:自摄)

第四类,2000—2010 年建造。与 1990 年代建造的主屋相似:绝大多数 2 层、方整平面、双坡屋顶(内隐)[①]、砖混结构(极少量为框架结构)。但最大区别在于:2000—2005 年建造

---

① 注:实际上,双坡屋面并不明显。因当地农宅的木构瓦屋面施工简易,常不设挡风板,且瓦片轻薄,因而不得不四面砌女儿墙,防止瓦片被吹落,导致双坡屋面被隐在女儿墙之后。

的农宅,墙体材料开始大规模出现白色为主的釉面瓷砖,一般只贴一个主立面。门窗开始采用铝合金框,有色玻璃。而 2005—2010 年建造的农宅,立面开始增设披檐,瓦面通常采用琉璃瓦,且色彩多样。墙体材料也从单一白色釉面瓷砖,向有彩色花纹釉面瓷砖转变,除主立面外,侧立面也开始铺贴。铝合金门窗普遍,多见茶色、绿色等有色玻璃。此外,2005 年以后的农宅,还出现了极少量欧式别墅,但影响面较小。这一类农宅数量占比接近 1/3,是目前村落整体建筑形式风貌紊乱的重要原因。(图 4.12)

图 4.12 2000—2010 年建造的农宅
(资料来源:华润集团)

可以将基地农宅形式秩序现状概括如下(表 4.1):

表 4.1 基地农宅形式特征分类表

类型	层数	造型	结构	主要外观材料	主体色彩
1980 年代前	1F		土坯砖墙,木构屋顶	小青瓦、土坯砖、深色木门窗	本色
1980 年代	1F	方整平面＋双坡屋顶	空斗砖墙,木构屋顶	小青瓦、清水黏土砖墙、深色木门窗	本色
1990 年代	2F		砖混结构(少数为框架结构),木构屋顶	小青瓦、清水砖墙或水刷石或粉刷、深色门窗	本色为主
2000—2010 年	2F	方整平面＋双坡屋顶(隐)		小青瓦(隐)、各色面砖、琉璃瓦、铝合金门窗、有色玻璃	混杂

(资料来源:自制)

同时,小镇多见单户农宅中不同建造年代建筑的混合现象,这在很大程度上更加强了建筑形式的混杂。发生建筑混合现象,是由于农宅建设通常以代际为单位进行更新,当子女婚亲需要建房时,当地的做法经常是将旧房(主要是砖木或土木结构)拆除一部分后,在原址增建新房,剩下那部分老宅就降格作附房之用。因此,经常可以发现砖混＋土木、砖混＋砖木、砖木＋土木等不同建造年代的建筑混合现象(图 4.13~图 4.15)。此外,农户还会对建筑外观进行不定期的换装翻新导致混搭风格,例如,不少 1980 和 1990 年代建造的农宅,屋面与墙体翻修后,用各色瓷砖重新进行立面装饰,更换铝合金门窗,甚至对院墙也进行了风格迥异的改造(图 4.16)。

图 4.13　建筑混合 1

（资料来源：自摄）

图 4.14　建筑混合 2

（资料来源：项目组）

图 4.15　建筑混合 3

（资料来源：华润集团）

图 4.16　翻新混搭

（资料来源：项目组）

总之，建造年代、建筑混合以及翻新混搭等多重因素，共同促成了基地现状建筑形式的多样混杂。这种混杂与紊乱已不是多样或丰富，而是离散和无序，这是农宅更新的一大难题。关于农宅形式的抽样调研表明：有 60％的农户对住房外观形式不满意（主要集中于2000 年以前建造的农宅），希望得到改观；有 46％的农户偏好"小洋房"的住宅建筑形式，但也有 54％的农户表示可以接受"当地传统民居"样式。

此外，乡村社区微景观环境问题也十分突出，这在相当程度上强化了基地人居环境有机秩序退化的印象。目前主要有两大问题。第一，当地从未主动地、系统地考虑过其设计营造的必要性，除了由市政府负责的少数沿南环线一带的环境获得整治外，大部分社区空间都处于"原始"状态，生活情趣和氛围很不理想（图 4.17）。第二，缺乏环境卫生的维护机制。社区中多见杂物、垃圾随意堆放倾倒现象，生活污水肆流，各家"自扫门前雪"，个别家庭甚至连自家院子或菜园也不维护，偶有的一些景观小节点工程，也因长期缺乏保养维护而破损（图 4.18）。

抽样调查显示，60％以上的农户对村落微景观及环境卫生状况不满意。社区微景观的无序和脏乱，虽然看似不如格局、肌理、形制、形式等方面值得讨论，但它们对有机秩序退化的视觉感受能起到较大心理强化作用，不容忽视。

图 4.17 缺乏设计营造的坡道   图 4.18 缺乏卫生维护的宅前场地

(资料来源:项目组)

4.2.2 现代功能整体滞后

伴随有机秩序局部退化,基地现代功能呈现整体性滞后问题。表现在基础设施(面域功能)、公共服务设施(面域功能)以及家庭生活功能(点域)三方面。

1)面域:基础设施不足、公共服务设施缺失

(1)基础设施配置不足。小镇基地对外交通主要依靠宽度 12 m 的南环线,自东向西穿过两村,分别连接市区与景区。但两村内部道路亏缺,道路硬化率仅约 50%,局部地段存在路基损坏、宽度不足、转弯半径过小等问题。村民满意度仅为 31%。

现状基地有超过半数的农户尚无自来水供应,饮水质量堪忧,村民对此满意度仅 40%。而且生活污水多未经处理随意排放,影响社区环境卫生。此前政府为当地农户新建了少量家用化粪池作为示范,但多已堵塞荒废。

基地农网电改工程已经完成,两村基本实现了户户通电、通信。但线路老化、输变电路程较长、电压不稳,导致夏季用电高峰常有跳闸现象[1],影响日常生活。电力电信线路全部明线架设,局部节点交接杂乱,存在安全隐患。村民满意度仅为 43%。

(2)公共服务设施严重缺失。小镇基地的韶光、铁皮两村除简陋的村务办公地点外,无任何可用的教育、医疗、公共体育文娱场所或设施,小型商店、对外公交站点、公厕等也全部缺失,就连垃圾收集站点常年无人清理。韶光村委办公点与韶峰电气设备厂共用租用的合院,而铁皮村村委小楼因年久失修基本被弃置。公共服务场所设施的严重缺失,不仅令村民日常生活十分不便,而且导致村民公共活动几乎完全停止,导致村民对公共领域淡忘甚至冷漠,社区氛围离散,缺乏凝聚力。村民对公共服务设施的满意度低至 8%。

2)点域:家庭生活空间设施舒适度偏低

由于小镇农宅建造年代的差异,居住功能良莠不齐。现有居住功能所对应的空间或设

---

① 注:调研显示,大约 42% 的农户安装了空调,使用时间集中于夏季 2 个月、冬季 1 个月,自从空调普及以后夏季用电跳闸现象愈发频繁。

施主要有堂屋、卧室、厨房、卫生间、储藏室等。它们在不同建造年代的建筑中表现出的现代性滞后问题不尽相同。

堂屋。韶山农居主屋一进正门就是堂屋（图4.19），正对大门的墙壁上几乎家家户户都挂着毛主席像，或设祖宗灵位。堂屋中置一张八仙桌，一侧放置沙发或座椅，另一侧放置电视机。堂屋是家庭祭祀、待客、会友、娱乐、用餐的重要场所，是农居核心空间。1980年代之前建造的农宅，由于土坯墙的结构原因，堂屋多晦暗，已不符合现代要求。

图4.19　堂屋
（资料来源：自摄）

卧室。通常位于堂屋两侧及2层，陈设和内饰都相对简单，除换衣服和休息以外，村民一般不会待在卧室。有些两层农宅会将2楼居中的卧室当作家庭起居室。1990年代以前建造的单层农宅，多有卧室数量不足的问题，而且潮湿、阴暗。

厨房。一般位于紧邻主屋的辅房内，面积一般在20 m^2 以上。厨房内通常有较大型的柴灶（一般2～3口大锅台，含烟囱），需在厨房内堆放较多木材、秸秆等燃料。柴灶火力猛，

图4.20　厨房
（资料来源：项目组）

图4.21　储藏空间
（资料来源：自摄）

烹饪口感好，燃料几乎零成本，内壁的空腔余热还常常有煮水功能。厨房作为辅房，大多利用1990年代以前建造的房屋的残部，其与主屋多为简单贴合，结构安全性较差，而且大部分厨房未通自来水。（图4.20）

卫生间。通常仅在一楼设置。少数条件好的农户有冲水厕所，大约有一半的家庭依然使用旱厕。由于自来水管网铺设不完整，大多数家庭洗澡尚无淋浴功能。特别是土木结构的农宅，增设用水卫生间很困难。卫生间问题是当地生活的一大难点。

储藏空间。用于贮藏粮食、柴草等，所需面积较大，是农宅的重要空间之一。当地半数以上村民吃的粮食或蔬菜依然是自己种植。粮食主要包括稻谷、麦子和各种豆类，在收获后通常需要晒干，集中存放在专门的贮藏空间，对干燥与通风有一定的要求。一部分储藏空间位于辅房中，也有少部分利用木构坡屋顶的阁楼层。不少农宅的储藏室存在结构隐患、渗漏等现象。（图4.21）

从总体上看，两村农宅，特别是2000年之前

建造的农宅(占71%),居住功能配置严重不合理。1980年代以前建造的土木结构农宅最为落后,现多为老人居住,由于土坯墙体性能差,门窗开洞的大小和数量都受到限制,屋内通常晦暗、潮湿、异味,用水卫生间难以植入。1980年代建造的砖木农宅,情况稍好,但绝大多数也仅为1层,子女婚娶后房间数量因结构限制难以增加,同时用水卫生间同样难以植入。1990年代建造的砖混农宅,大多数为2层,解决了房间过少的问题,但用水卫生间不足,多仅在一楼设置一处,而且约1/2家庭依然常用附房内的旱厕、无淋浴设施,卫生条件同样不乐观。

除了上述现有功能空间的问题外,从农户对居住功能需求的抽样调查来看,总数近半的农户希望增加子女或老人独立卧室及书房,有1/4对露台或阳台等晾晒空间有添置需求,还有近半农户希望预留停车空间。说明基地村民对现代生活的舒适性有一定的需求。

4.3　人居环境有机更新策略建构

4.3.1　营建方式

掌握了小镇基地人居环境和经济社会相关现状问题后,如何通过有机秩序修护、现代功能植入,实现基地人居环境向新型城乡交换所必需的乡村内部"新价值体"转化?如何对经济社会进行帮扶和再组织化,以促进基地人居环境的可持续更新?同时,这些工作必然涉及多方人员的共同参与,应该采用什么合作机制?

乡村人居环境有机更新理念包括两方面:有机秩序修护、现代功能植入。按照宏观与微观的角度区分,该理念最终落脚于小镇的三个实体内容:村域(宏观)、公共建筑(微观)、农宅(微观)。其中,宏观的村域更新具体指向了格局、肌理秩序,以及面域性的现代功能;微观的公共建筑、农宅这两类空间单元的更新具体指向了形制、形式秩序,以及点域性的现代功能(表4.2)。

表4.2　人居环境有机更新的具体内容

实体内容	秩序		功能
村域	格局	肌理	面域
公共建筑	形制	形式	点域
农宅			

(资料来源:自制)

1) 村域整合:低度干预

在宏观上,小镇基地人居环境的现状一方面表现为格局有机秩序的局部遭受破坏,肌理有机秩序基本得以保持,另一方面是公共服务设施、基础设施等面域现代功能的严重缺失和不足。相较而言,作为原生的有机秩序虽已存在一些瑕疵,但基本面依旧保持良好,而现代功能滞后却十分明显。

基于该现状,为实现有机秩序修护与现代功能植入的整合发展,应采用"低度干预"方式。即应尽可能优先保留村域空间原生的既有格局、肌理有机秩序,并根据实际情况对受损的局部空间尽量进行适当清理、调整。同时,应谨慎对待公共服务设施布点、基础设施布局敷设,使其既满足小镇的现代功能需求,同时对村域格局有机秩序的介入影响降至最低。之所以优先有机秩序,是由于相对城镇人居环境而言,有机秩序是乡村人居环境的核心差异优势,它在乡村人居环境向"新价值体"转化的过程中,起到主导作用,而现代功能则是作为补充与辅助,应居于次要地位。

可以说,低度干预类似"微创手术",绝非创造发明一个新的、宏观的村域系统,因而其操作应尽量"隐身",仅仅是对原有宏观系统进行改进和完善。从总图上看,更新前后几乎没有改变,或即使有变化,也是局部的、被有效控制的,从而贴近和延续村域数百年来通过"自然生长"所形成的格局、肌理有机秩序状态。值得注意的是,公共建筑作为公共服务设施的载体,其体量可能与农宅存在较大差异,因此其平面投影或将难以避免对现有宅群肌理秩序产生冲击,关于这一点,将在公共建筑营造中讨论。

低度干预的村域整合更新方式,针对格局、肌理和面域现代功能三方面内容有不同的具体操作方式。首先,村域格局保护与培育:最大程度地保护现有村域格局秩序,修复被破坏的局部区域;对建筑系统的发展空间作出明确界定,预防破坏行为的程度加深或再度发生;根据小镇未来发展需要,在基本不改变空间属性的前提下,对局部区域空间进行适度的、有弹性的培育和调整。其次,村域宅群肌理保护:最大程度保护现有农宅建筑群肌理秩序,防止未来建造行为的可能破坏。再次,面域功能嵌入:遵照尽可能降低对村域现状格局秩序不利影响的要求,完成社区服务中心、游客接待站、卫生院、小学、幼儿园等公共服务建筑单元的新增布点,以及道路等基础设施的更新布局敷设,并为未来发展留出适当接口。低度干预的具体内容要求可以概括如下(表4.3)。

表 4.3 低度干预的具体内容要求

操作方式	空间格局	宅群肌理	现代功能
保护	●	●	
培育	●		
嵌入			●

(资料来源:自制)

2) 公共建筑设计营造:本土融合

小镇基地的公共服务设施严重缺失,因此公共建筑将成为基地内新的空间单元。它们各自拥有独立用地和相关建筑(群),其数量远比农宅少,建设规模也很可能比农宅大。作为不同于农宅的新的异质空间单元,公共建筑应与本土建成环境和谐共生,并且其功能设置应贴合本土社会需求。

因此,公共建筑设计营造应采取"本土融合"方式。具体涉及与谁融合(对象)、融合什么(内容)两方面问题。融合的对象包括基地村落、周边村落、湖湘地域,它们是由内而外、自小而大的三个层面。融合内容则包括公共建筑的形制、建筑形式以及公共功能三方面。

　　不同层面的融合对象对应着不同的具体融合内容要求:与基地村落相融合,需要考虑公共建筑与当地农宅在形制、建筑形式的协调,以及功能与当地社会需求的对接;与周边村落相融合,主要应需考虑功能的辐射,适度扩大实际功效,增加建设的性价比;与湖湘地域相融合,主要是指建筑形式在体现现代性的同时,特别需要吸取湖湘地域传统建筑形式的特色,创新与传承并重。更进一步讲,公共建筑的形制、形式与功能三者各自包含了细节内涵,因而它们与三个本土层面有着不同的具体融合要求,需要详细明确。可以预先将上述对应关系列成表格,逐一阐述。(表 4.4)

表 4.4　本土融合的具体内容要求

内容　　　　层面	单元形制			建筑形式				公共功能	
	建造规模	布局组成	建筑体量	造型	空间	构造	材料色彩	服务	角色
与基地村落	●					●		●	
与周边村落									●
与湖湘地域						●			

(资料来源:自制)

　　(1) 与基地村落融合

　　① 单元形制层面:体量、布局协调。公共建筑与农宅在形制层面的融合主要体现在体量、布局协调。公共建筑的形制包括建造规模、组成布局和建筑体量。其中,建造规模不容易与农宅协调。这是因为公共建筑的功能设置和服务人群数量要求,决定了其建造规模通常会明显大于农宅单元,预设性较强。而建筑体量和组成布局两项,与农宅的协调相对较易操作。这两者间的操作关系,以建筑体量协调作为主导更合适,因为建筑体量与农宅之间的视觉对比最突出,其次再考虑额定建造规模下,随体量变化影响的布局组成。

　　公共建筑体量协调有两种取向。第一种,合理削减。一般情况下,当公共建筑体量过大时,需要将其体量适度切分,控制合理的体块大小、层高与层数,这样在村落宅群中不会显得突兀。第二种,合理加强。某些核心公共建筑可能需要利用体量感来统御比较大的场域,其与农宅主屋的体量差异就应该被合理地表现出来。

　　② 建筑形式层面:造型呼应、材料甄选、构造表达。公共建筑造型应与当地农宅造型产生一定的差异,而且这种差异应建立在一定的造型共性基础上,使公建与农宅两者造型之间有所呼应。

　　公建的材料选择应侧重体现乡土性。不论是当地生产、旧房拆下或弃置未能尽用的材料,只要能体现乡土特色,而且坚固耐用、成本适当、运输方便,都可以作为备选。材料选择特别是外观材料的选择,公共建筑的自由度远比农宅大。因为农宅建材的选用必须征得户主同意,小镇一些村民对"旧"或"土"的材料并不感兴趣,甚至固执反对。而这些乡土材料经过巧妙设计适宜运用到公共建筑,获得村干部和村民代表认可的难度反而较小。

　　材料的构造技艺方面,应该延续当地乡土建造的手工性,同时还要强调精细化,将现代工业技术的要求注入公共建筑之中。材料的乡土性与构造的手工性、精细化相结合,很可能成为乡村现代营造的一种趋势。

③ 公共功能层面:服务综合配置、多重角色复合。首先,公共建筑的功能配置应具有一定的综合性。根据功能现状和发展需求,社区服务、医疗、教育等公共建筑内部的具体服务门类、对应空间、配套设施等方面应给予充分满足。其次,重点公共建筑在基地中需要扮演不同的角色,产生复合作用。一方面,小镇需要一个意象明确的入口空间。许多传统村落布局考究,往往会有令人印象深刻的入口空间,那里或许是一棵古树、一座石桥、一个牌坊或石碑等。这是村落的名片,也是村民对家乡意象的最重要记忆图景。小镇现状缺乏这样的入口空间。另一方面,小镇需要一个具有广泛精神认同的核心空间。传统社会时期,乡村一般都会有祠堂、戏台等场所作为村落核心空间。但小镇基地内没有类似的空间和场所存在。因而基地空间在精神认同上完全"扁平化",这也是当前乡村治理中"原子化"现象的物质表征之一。因此,尽可能依托核心公共建筑实现入口空间与精神空间的复合,能够事半功倍。

(2) 与周边村落融合

乡村公共服务设施滞后韶山地区是普遍现象。调研发现,与基地最接近的石忠、竹鸡、韶源3个村的公共服务设施均严重缺失,这5个村总人口约7 000人,占了韶山乡半壁江山。即便是乡政府所在的竹鸡村,也仅有一所设施陈旧的卫生院,且没有教育设施,村民子弟就学十分不便。同时,由于地方政府财政紧张,这些公共服务设施均难以在中短期内较好弥补。

因此,小镇公共建筑应适度考虑"服务小镇、辐射片区"的原则。适度提高其设计建造的规格与标准,惠及更多区域和人群,提高公共服务功能效率。

(3) 与湖湘地域融合

小镇农宅的造型与空间可供公共建筑设计借鉴之处较少。基地现有农宅,是湖湘地域建筑形式表达最朴素、最真实、最简单的群体。由于建造规模、组成布局与建筑体量方面的雷同与限定,以及家庭经济实力的约束,现有农宅建筑形式的丰富度十分有限。普遍的建筑造型无非是方整平面加双坡屋顶,内部空间也十分紧凑规整。

因此,公共建筑的造型与空间借鉴,需要从更宽阔的湖湘地域寻找。湖湘传统建筑的造型与空间特色,可以从历史上的大户人家深宅大院中发掘(图4.22,图4.23)。传统社会时期,官宦或商贾发达后,在家乡斥巨资建造私邸宅园、宗祠家庙的现象十分普遍。由于那时还没有形成今日这般紧张的人地关系,也没有政府对人均用地和建筑面积的严格限制,出资人完全可以根据宗族规制、财力、人口来决定这些宅院和宗祠的规模。一般而言,这些建筑所动用的人力、物力、财力比较充裕,其建造规模比普通农宅明显更大,组成布局更复杂,建筑体量也可能倍增,因而对造型和空间的要求更考究、表达更丰富。还有一些因官方或半官方而造的湖湘经典建筑,其形制更为恢宏,造型和空间也因而更加多样,例如岳麓书院等。此外,相比普通农宅,这些湖湘传统建筑的规模、组成和体量也都更接近现代乡村公共建筑的要求。从某种意义上说,它们才是湖湘建筑文化造诣水平的真正代表。所以,小镇公共建筑设计需要从整个湖湘地域汲取这些传统建筑的养分,实现造型与空间上的传统与现代融合。

图 4.22　曾国藩故居　　　　　　　　　图 4.23　彭德怀故居

（资料来源：Baidu 图库）

3）农宅更新：原型＋调适

小镇范围内有 570 户农宅，数量庞大，因而其更新将面临两方面的问题。一是农宅的建筑形式秩序较紊乱混杂，需要在保证多样性的基础上进行一定力度的有机秩序修复。二是农户对于形制、形式的偏好和对功能的需求千差万别。这意味着不论是改造或新建，农宅更新都将面临复杂的制约条件。

著名学者阿莫斯·拉普卜特（Amos Rapoport）在《住屋形式与文化》中提出了乡土建筑设计的"模型＋调整"过程。尽管这完全是拉氏从乡土建筑"新建"角度进行的诠释，但它对韶山农宅更新依然有重要借鉴意义。在不改变拉氏原意前提下，或可将"模型＋调整"更为精确地转译为"原型＋调适"。

"原型"是特定时代、地域背景中，在乡土文化认同作用下产生的关于农宅的院落形制、建筑形式与居住功能三方面的大致特征。它是介于明确和模糊之间的一个朦胧状态的农宅特征谱系，变化十分灵活，具有很强的适应能力。例如，小镇的农宅，其院子就有前、侧、后三种类型的可能杂合，而双坡屋顶作为普遍建筑形式也有硬山、悬山之分等，这些都随农户意愿而产生。

乡土文化认同是农宅原型产生的直接原因，在建筑学视野下，它主要指村民对生产生活方式、建造方式两者的认同。前者包括思维方式、生产生活习惯、社会组织方式，及人对自然环境利用和改造方式等。后者包括建筑和构筑物的形制、功能、结构、形式、材料、技术等。其中，对生产生活方式的认同，主要决定了农宅原型的院落单元形制和居住功能；对建造方式的认同，主要决定了农宅原型的建筑形式。（表 4.5）

表 4.5　农宅原型特征谱系的产生因素

农宅原型	生产生活方式	建造方式
院落形制	●	
建筑形式		●
居住功能	●	

（资料来源：自制）

在传统时期,乡村的乡土文化认同稳定,因而农宅原型的特征谱系表达也相对稳定,形制和形式两个层面的有机秩序状态容易保持,居住功能也彼此接近。这正如克里斯托夫·亚历山大的论述:"互相关联的默契、文化背景的一致、解决常见问题的传统方法等,确保了人们即使分开工作,它们也仍然遵守着同样的工作原则。其结果是不管局部如何独特和个性化,其整体总是遵循内在的秩序。"[①]进入转型期后,随着社会经济的快速巨变,乡村乡土文化认同在村民群体中分化、代际间割裂,导致原先的农宅原型特征谱系控制力减弱,因而农宅形制、形式、功能的个体差异迅速加大。

因此,基地农宅更新应分原型归纳、原型调适两步走。首先,寻找和归纳新的农宅原型,是修护形制、形式有机秩序,植入现代生活功能的前提。新的农宅原型归纳需要一方面从基地的既有农宅中进行选择,另一方面要结合湖湘地域乡土特色、现代农宅发展趋势和农户一般需求等因素综合考量。新的农宅原型会形成一个符合当代要求的关于农宅形制、形式和功能的特征谱系,它同样具有一定灵活度与适应性。其次,基地近600户农宅,不仅现状多样,而且个性化需求也将十分丰富,因此,需要进行原型的调适,从特征谱系中选择合适的内容,以适应不同现状与需求。具体而言,根据原型的基本框架,针对形制、形式与功能的各项主要特征内容,提供类似模块化的菜单式选项,然后针对每一户的不同现状和个性化需求,为农宅更新提供选择与定制。

采用"原型+调适"的农宅更新方式,其预期效果应该体现乡土性、现代性和经济性。乡土性是原生农业型乡村住宅的重要特征,具体体现在简单而适宜的院落形制、朴素大方的建筑形式、贴合乡村需求的家庭生活功能,其中独天独地的农宅院落形制是农宅乡土性的最核心特质。现代性主要是指农宅建筑形式在表现朴素时注意避免盲目复古,应符合现代审美要求,同时,家庭居住功能在满足乡村基本生产需求的基础上,应能提供基本的现代生活舒适性。经济性主要是指建筑形式应充分考虑基地偏于落后的经济发展水平,使得一般农户均可以承受造价。(表4.6)

表4.6　原型调适的具体内容要求侧重点

内容要求	单元形制			建筑形式					居住功能	
	建造规模	布局组成	建筑体量	造型	空间	结构	构造	材料色彩	种类	数量
乡土性		●				●			●	
现代性						●				
经济性						●				

(资料来源:自制)

此外,社区微景观的整治也十分重要。在小镇农宅聚居的社区空间中存在着一系列微景观成分,主要分为两类:一、施工建设类,包括小型广场、自留菜园边界、道旁绿化、小道铺装、花坛、宅间空地、水塘堤岸等;二、装置类,公交站台、标识、路灯、垃圾收集、窨井盖等。它

① [美]C.亚历山大,M.西尔佛斯坦,S.安吉尔,等.俄勒冈实验[M].赵冰,刘小虎,译.北京:知识产权出版社,2002:2.

们种类繁多、分布广泛,总面积并不亚于农宅。它们既不同于村域中大面积成片的耕地、山林和水体等自然环境成分,也不同于公建、农宅、基础设施等人工成分。它们往往是细碎和混杂的,局部或片段的景观成分,具有较明显的依附性,因而难以从建筑学角度加以归类。尽管如此,但它们繁杂的成分在数量上的积累,对乡村人居环境整体品质具有举足轻重的作用。甚至,对一个普通村庄而言,单单微景观的整洁、有序,就能为村庄添彩不少。因此,可以说,它们是小镇人居环境有机秩序的"软"实力。

4.3.2　合作机制

从经济成本上看,基地范围宽阔、更新过程漫长、内容庞杂,必然耗资巨大。从工作量上看,更新的要求多样,尤其是涉及近 600 户农户,因而既有需要统筹处理的集中型问题(如公建布点设计、基础设施敷设),也有需要个别面对的分散型问题(如农宅改造更新),并且分散型问题的多样性与复杂性是有机更新的难点,而基地经济条件的薄弱、社会组织的原子化现象更是加重了困难程度。经济成本、工作量两方面,深刻表明如果没有足够多元的外力介入,基地人居环境的更新难以实现。

在多元外力介入条件下,应采取何种合作模式机制,对推进小镇有机更新十分关键。然而,从现有的建造模式来看,不论是乡土建造还是现代建造,都难以同时兼顾有机更新所面临的集中型和分散型两类问题。因此,很可能需要采用新的模式,将乡土与现代两种建造模式的优势汇合起来,以有效应对因基地乡村经济社会困境所带来的不利因素。在此,首先需要对这两种现有建造模式机制进行特征分析。

1) 乡土建造与现代建造的特征

(1) 乡土建造的特征。乡土建造模式在以韶山基地为代表的广大乡村地区依然普遍存在。它基于血缘、地缘关系,适于小农经济结构与社会组织,具有小型、自主、合作和过程性等特征。

乡土建造的对象主要是农宅,具体可以从设计者、设计方式和建造过程三方面分析。首先,匿名的设计者。乡土建造的设计工作通常由工匠及其业主共同完成,而且工匠并不一定是职业化的,有时甚至只是一个比较有建造经验的前辈。因此,乡土建造的设计者常常是"匿名"的。其次,雷同的设计方式。作为共同的设计者,业主与工匠对于所建造的农宅的类型、形制、形式、功能等均有相当共识,他们能很熟练地给出当地农宅的"原型",再进行个性化调整。再次,协力的建造过程。农宅建造,由业主提供资金、建材(有时也会外包给工匠),由工匠提供技术和部分劳力,再由业主及村社内的亲朋好友通过换工、帮工、雇工方式协力建造,而且在建造期内甚至建成后,可以根据需要对设计内容做灵活变更。

可以说,分散和灵活是乡土建造的最大优势,它能够很好地应对复杂的分散型问题。伯纳德·鲁道夫斯基(Bernard Rudofsky)就此评价说:"它们(乡土建造)都涉及如何生活、如何尊重他人生活以及如何与邻人和平相处等非常艰难且日益复杂的问题。"①

---

① Hamdi N. Housing without Houses:Participation,Flexibility,Enablement[M]. New York:Van Nostrand Reinhold,1995.

然而,乡土建造模式在面对乡村有机更新的集中型问题时,力有所不逮。主要原因有两方面。第一,建造能力有限。乡土建造绝大部分是农宅,建造内容规模小、构成简单,技术门槛低,无力面对现代乡村有机更新中规模化的建造要求,如道路等基础设施、较大型公共建筑。第二,对有机秩序控制力不足。分散性很强的乡土建造,在社会转型期乡土文化认同散失的背景下,难以从整体上统筹控制数量庞大的农宅建造行为,容易造成村落有机秩序,特别是建筑形制、形式秩序的失调。

(2)现代建造的特征。现代建造是与乡土建造相对的模式,同样可以从设计者、设计过程与建造过程三方面考察。首先,有资质的设计者。现代建造模式下的设计者(或其单位)必须具备国家颁发的资质,遵守职业操守,专业化程度很高,而且业主通常是单个业主(个人或团体),点对点的方式容易协调。其次,程式化的设计过程。设计者几乎垄断了建筑、结构、暖通、给排水、强弱电等各专业建造技术资源,在设计过程中占主导地位,业主一般只提宏观要求,难以介入具体细节。再次,规范的建造过程。地质勘查、方案与施工图设计及施工建造是分离体系,各自有严格的法律权责,强调从设计到落成的无差错实现。

现代建造模式的优势,在于它的核心设计权力通过固化的工业流程和相关法律体系集中于专业设计师身上,因此,它以一种程式化方式实现了建造的高效、规范,能够进行规模化、标准化、批量、快速建造。

但是,现代建造难以应对乡村有机更新中复杂、多样的分散型状况。主要原因有两个,它们均与农户有关。首先是条件的不确定性。现代建造基本是在上一层级的城镇控制性或修建性详细规划指导下进行,土地征用已由政府事先完成,地块与空间的权属清晰,建筑高度、退让、间距等要求明确,只要按规范和规定设计,很少产生纠纷。但是,乡村目前大多没有法律效力的上位指导规划。而且公共建筑、道路、基础设施管网等新扩建内容是介入性的,往往要新征用村民土地,建成后可能对部分村民的日常生活造成不利影响,例如道路变更、建筑遮挡、风水冲煞等,这些都是引起农户纠纷的潜在因素。调研、排查、商议、化解这些不确定因素,需要耗费可观的人力和时间。其次是对象的多元化。这比前者更难应付。以改造为主的农宅更新涉及大量的住户,各宅院的现状、需求千差万别,细节多如牛毛,而且在设计与施工过程中,各户都有可能反复提出修改要求。但是,现在建造模式下,设计人员数量、驻地调研时间、设计效率、协调当地民众能力等方面均十分有限,因而无力面对内部利益关系复杂、个性化需求多样的乡村更新。

2)"乡村更新共同体"建造机制

为了兼顾分散与灵活、高效与规范,实现乡土与现代两种建造模式优势互补,更好地推进乡村人居环境有机更新,必须采用新的合作机制。可暂时将其称为"乡村更新共同体"[①]。"共同体"是在特定空间领域和时间范围内,具有共同意志与精神认同的人群集合。其形成条件,可以是血缘、地缘或业缘中的一种或组合。小镇项目中的乡村更新共同体机制建立大

---

① 注:王冬教授在其著作《族群、社群与乡村聚落营造——以云南少数民族村落为例》中提出了"村落建造共同体"的概念。这一概念主要是基于落后乡村,特别是具有地域文化特征的民族地区村落的农居新建而架构的。本书"乡村更新共同体"的概念,借鉴了王冬教授的提法,有类似之处,但目标指向、具体工作机制有所不同。

致需要考虑以下几个方面。

首先,该共同体的建立需要足够的人员,以应对基地量大、面广、复杂、长期的更新,而且这些人员之间应具备优势和作用的互补。从现实来看,小镇建设汇聚华润集团、地方政府、村民团体(村干部和村民)以及设计单位等多个参与方,具备了建立共同体的人员基础,而且这些参与方都具备各自不同的职能,能够互相配合。

其次,该共同体应具有半政府性质,以应对大量潜在的"分散型"问题和需要统筹解决的"集中型"问题。韶山地方两级政府需专门派驻相关领导人员参与基地的建设,并且给予相应的授权,保证共同体对基地更新全过程具有足够的控制力与执行力。

再次,该共同体以华润集团为核心更合适。这不仅是因为华润是本次乡村建设试验的主要出资方、发起人和号召者,也因为政府机构正在从权力型向侧重服务型方向转变。因而,以企业为核心、政府为保障来做这样的试验,能够充分发挥企业的效率特色和政府的社会管控优势。

另外,值得注意的是,从理论上讲,村民虽然是本次试验的主体,但由于当地村民素质不高、组织力量涣散,在试验之初要将村民短期内凝聚起来并不现实,因而村民主体性实际是比较欠缺的。但是,从后期实施的过程看,通过基地建设过程中乡村更新共同体的运作,可以逐渐激发和带动村民主体性的产生和凝聚。

3)进一步推动基地经济社会发展的可能性

基地以有机秩序修护、现代功能植入为根本目标的乡村人居环境有机更新仅仅是基地新时期建设的一个开始。因为这种主要由外力推动的乡村改造与更新只能是暂时的。人居环境有机更新,作为伴随基地成长的长期持续型工作,应该与基地经济、社会现状的改善结合起来,通过解决当地收入偏低、社会衰落等现实困境,最终实现人居环境、经济社会的自我可持续发展。

因此,基于小镇现状经济产业收益低下、社会组织原子化的问题,在人居环境更新初步完成以后,还应推动两项重要工作:一是以村民增收为导向的现代产业帮扶;二是为改善乡村社区治理的组织重塑。其中,产业帮扶的核心内容是在建立村民经济合作组织的基础上,促成以健康安全农产品、小镇优美人居环境为乡村核心新价值体的新型城乡交换。组织重塑,则是在村民经济合作组织的运行实现一定的稳态之后,逐步推动其与小镇社会自治组织相互耦合,形成更加牢固的一体化乡村治理结构。在推进关系上,产业帮扶是推动组织重塑的先导,组织重塑能反向促进产业帮扶最终实现小镇产业自立发展,两者相辅相成。

值得注意的是,在小镇整体建设过程中,产业帮扶、组织重塑作为后续的"软件"建设内容,虽然性质上与人居环境更新的"硬件"建设不同,但前后两部分内容的开展却存在直接关联。这个关联节点就是"乡村更新共同体",它的运行具有相当的延展性。实际上,正是通过共同体的精心架构、缓慢磨合、长期运作,必将加强村民间的认同感,形成了更多共识,有利于基地社区从之前"各自为政"的"原子化"状态之中逐渐凝聚起来,为产业帮扶中关键的村民经济合作组织的建立提供良好铺垫,并进一步对组织重塑提供间接助力(图4.24)。这是该共同体运作的额外"溢出效应"。

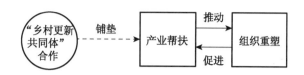

图 4.24 "乡村更新共同体"的运作与产业帮扶、组织重塑的关系
(资料来源:自绘)

4.4 本章小结

本章在乡村人居环境有机更新理念的指导下,建构了"韶山试验"的具体更新策略。

首先,交代选择韶光、铁皮两村作为试验基地的初衷:一是它们在区位、性质、功能、环境、风貌、公共设施、经济社会等现状方面,能够一定程度上代表中国当前最为量大面广的原生农业型乡村;二是通过华润集团和地方政府的支持,在人力、物力、财力方面给予本次试验较为理想的预设条件。并附带介绍了基地产业收益低下、组织"原子化"的经济社会现状问题。

其次,分析基地人居环境的秩序与功能现状问题。有机秩序方面局部退化:格局秩序局部遭受破坏,肌理、形制秩序基本保持,形式秩序严重受损。现代功能方面整体滞后:基础设施不足、公共服务设施缺失(面域功能),家庭生活空间设施舒适度偏低(点域功能)。

然后建构有机更新的策略(表4.7)。一是根据基地人居环境在有机秩序局部退化与现代功能整体滞后的问题,提出营建方式。宏观方面,采用"低度干预"方式进行村域整合(格局、肌理、功能);微观方面,采用"本土融合"方式进行公共建筑设计营造(形制、形式、功能),采用"原型+调适"方式进行农宅更新(形制、形式、功能)。二是根据基地乡村经济社会缺乏人力、物力、财力和组织力的现实困境,通过对乡土建造、现代建造两种合作模式的优势融合,提出"乡村更新共同体"的合作机制,并附带讨论了通过该合作机制进一步推动基地经济社会发展振兴的可能性。

表 4.7 有机更新策略建构

		低度干预(村域整合)
更新策略	营建方式	本土融合(公共建筑营造)
		原型调适(农宅更新)
	合作机制	乡村更新共同体

(资料来源:自制)

本章完成的"韶山试验"有机更新策略建构,承接于第3章的有机更新理念,为第5章(营建方式)、第6章(合作机制)的具体实践展开做铺垫。

5 "韶山试验"营建方式与内容

第4章针对小镇现状问题,建构了其乡村人居环境有机更新策略,包括营建方式、合作机制两部分。本章将在笔者亲身观察、参与的基础上,主要采用归纳总结的方法对有机更新策略的第一部分,即营建方式的具体实践展开讨论。因此,本章内容与建筑学本体的关系最为紧密。

根据营建方式的策略组成,本章分为村域整合、公共建筑营造、农宅更新三个方面,分别论述其依据、原则和做法。首先讨论村域整合所采取的"低度干预"方式,具体阐述了对现有的村域整体格局秩序的保育,对以农宅为主的村域现状建筑肌理的保护,以及将公共建筑、基础设施等面域性质功能的嵌入。其次讨论公共建筑设计营造所采取的"本土融合"方式,具体阐述了其形制设定、形式设计和功能设置。再次讨论农宅更新所采取的"原型+调适"方式,阐述了基于院落形制、建筑形式、居住功能的原型归纳和调适,并附带讨论了社区微景观整治有关内容。

5.1 低度干预:村域的整合

村域整合是营建方式策略组成的第一个方面。它属于基地人居环境的宏观层面,是公共建筑营造、农宅更新的前提与基础。本节将讨论村域整合所采用的低度干预方式:在修护村域空间格局、宅群肌理有机秩序状态的前提下,合理植入公共服务设施与基础设施等现代功能。

5.1.1 格局保育

小镇基地现有格局有机秩序的保育包含保护与培育两方面,以保护为主。其前提是明确村域范围内人工环境的可发展边界,掌握人工与自然环境空间关系的基本底线。保护的内容指向生态环境资源,主要指生态环境破坏点合理清退,以及农田、林地、水体的保护。培育的内容主要指在维持现有现状空间格局的前提下,尝试农业转型,设立现代休闲观光农业带。

1) 前提:确定村域建设发展用地边界

基地格局有机秩序的破坏,往往是因为没有对人工建造行为进行有效的边界设定,导致对耕地、山林、水体等自然环境空间要素的破坏。除基本农田外,韶光、铁皮两村此前几乎从未严格确定建设发展用地边界,局部存在侵犯、违占山林和自留地等现象,因而首先需要确定边界。

基地建设发展用地边界确定的方法,是收集基地相关基础因素的信息,将其与测绘、遥感与地理信息系统技术集合起来,采用具有空间数据处理分析功能的 GIS 软件产品 Arc-

View 进行分析,最终得出合理的建设发展用地边界。

基础因素的收集对象主要有四类。政策因素,包括耕地与山林,其中基本农田保护区与省级以上公益林,受国家政策与法律保护。地形因素,直接影响地基施工、建筑物安全和寿命,以及土地整理和工程建设的经济性。它主要考量地形坡度、地形高程和灾害易发生程度。水文因素,基地境内重要水面区域,如白毛水库、楠木水库、韶光河,以及散布的各型水塘。交通因素,主要考虑基地中区位和道路状况所决定的交通便捷程度,以及城市基础设施敷设接入的便利性。

通过对上述因素进行详细分析(表5.1,图5.1),结果显示,成片的适建发展区域主要集中在韶光村东部,其他区域的适建发展区零星、分散。这一分析结果对基地的村域整合,特别是公共建筑布点、道路等基础设施及农宅新建有直接指导意义。

表 5.1　小镇建设发展用地边界确定的评估标准

影响因素	评价指标	指标标准	取向
政策	生态公益林	—	禁建
	基本农田保护区		
水文	主要水库与水塘	—	禁建
地形	地形坡度	坡度<15%地区	适建
		坡度为15%～25%地区	限建
		坡度>25%地区,水域	禁建
	地形高程	平原地区及高程≤75 m的山地	适建
		地面高程75～100 m的山地	限建
		地面高程≥100 m的山地	禁建
	地质及洪涝灾害	地质灾害不易发区; 洪水不易淹区	适建
		地质灾害低易发区; 易干旱区、洪水不易淹区	限建
		地质灾害点、洪水易淹区	禁建
交通	交通条件	交通条件较优越的地区	适建
		交通条件一般的地区	限建
		交通条件受限制的地区	禁建

(资料来源:项目组李王鸣教授团队,有改动)

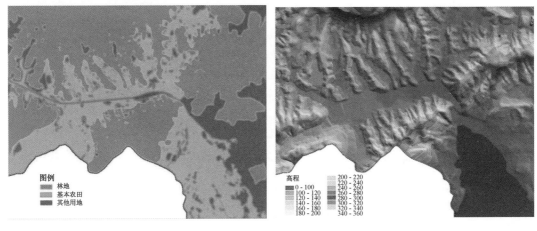

政策因素分析图　　　　　　　　　　　　　高程因素分析图

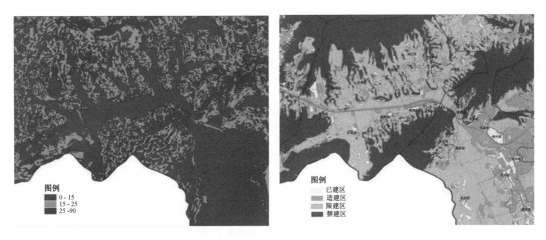

坡度因素分析图　　　　　　　　　建设发展用地边界确定结果

图 5.1　建设发展用地边界确定分析图

（资料来源：项目组李王鸣教授团队）

2)　保护：自然环境综合保育

（1）自然环境破坏点合理清退

小镇存在多处自然环境破坏点，理想状态是全部清退，但由于性质与现状不同，应采取各别对待的原则。

韶光村的禁建区内现有采石碎石场和预制水泥板场各一处。前者位于村东南部光明组东侧，后者位于村西北部铁皮组附近，总占地约 6 000 m²。它们均存在严重的毁林或占耕现象，引起明显的粉尘和噪音污染，而且载重卡车进出通勤量较大，已造成部分路基坍塌。这是由于韶光村集体经济薄弱，为维持村务每年正常开支，村委会难以拒绝这些违反政策、破坏生态环境的产业。但是为了小镇长远发展，应予停业清退。

此外，沿南环线一带有不少农户趁此前宅基地申请审批执行不够严格，大量挤占耕地新建农宅或开设饭店，而且已获得宅基地土地使用权证和房屋所有权证。这些现象已是既成事实，无力改变，就此不做清退，但小镇未来农宅新建项目应引以为戒，不容再现。

（2）农田、山林、水体保护

小镇范围内的农田、山林、水体是格局有机秩序得以存在的核心要素,应在小镇建设之前,明确其保护内容和相关要求。

农田。小镇基本农田以水田为主,保护面积为 1 665 亩,集中分布于韶光村盆地和铁皮村南环路沿线两侧。保护区内应严格按照《土地管理法》和《基本农田保护条例》,禁止任何建设、侵占,包括发展林果业和挖塘养鱼等变更行为。非基本农田主要是旱土田,大多属于小镇村组的自留地,以不规则方式分散在农户宅群周边,总共 250 亩。这一类耕地,允许安排一定的公共服务设施、基础设施建设,可以在其中景观条件良好的地块适度发展现代观光休闲农业。

山林。目前小镇总共拥有林地 5 840 亩,以生态公益林为主,主要分布在铁皮村南北两侧,小部分分布于韶光村盆地东西两侧。严格禁止征占、破坏和砍伐,特别是当地农宅新建时多发的私自通过刨山体来拓建宅院的现象以及筑坟现象。此外,林区以外,散布于村落内的 5 年生以上树木应予以统一保护,建设用地应尽量对其避让,或移栽。

水体。小镇水域总面积 310 亩,位于韶光村盆地的水体面积占比 60% 以上。禁止以下内容:水体附近新建污染源,填埋水体,建设妨碍泄洪的建筑物、构筑物,未经处理的生活污水排放进入等。同时应适时疏浚水道,适度通过砌筑亲水堤岸、滨水绿化等方式改善水体周边环境。

3）培育:现代休闲观光农业带设立

通过确定村域建设发展用地边界,未来小镇成片的适建发展区域主要集中于韶光村一侧。因此,该村必将成为小镇社区的核心地带,公共设施和人群活动在此较为集中。这一潜在的可能变化,或许能成为增加小镇集体经济收益的契机。而韶光村盆状田野腹地,其间水系与田野交织,视野开阔、景观特色突出,因而如果能适度利用和改造这一现有资源,以低成本方式,逐渐建立现代休闲观光农业带,吸引人群进入消费,将增加当地收益。这也是小镇传统农业模式拓展转型的一个良好尝试机会。

因此,在不改变该区域主体格局的前提下,规划将分散于盆地附近非基本保护农田中的水塘巧妙串联。并新辟一条道路自北向南以自由曲线方式穿越其间,道路两侧点状分布设置小型农家乐等休闲设施。同时,把通往社区公共中心的一条原有道路改造成步行景观道,将新旧两条道路连接,形成双路环线。此外,结合山势起伏塑造 4 条景观视线通廊。以此营造休闲观光农业带的优美环境,提高舒适性与可达性(图 5.2,图 5.3)。

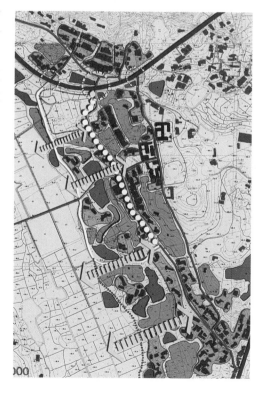

图 5.2　韶光村休闲农业区格局调整

（资料来源:项目组）

图 5.3　现代休闲观光农业带效果图

(资料来源:项目组)

5.1.2　肌理保护

　　缓慢、随机、同构、致密化、扩散性等五个特征,导致了基地农宅肌理的难可复制性。基于此认知,为保护现有宅群肌理的有机秩序特征,其最佳方式是对现有各户宅基地的位置、形状、方向、规模等内容不作调整(除个别违规农户外)。这样,即便农宅因改造或重建等因素发生变化,也并不会影响到村域的宅群肌理。

　　在项目之初,韶山市政府领导认为应将铁皮村山冲内部深处的住户统一迁出(约 100户),在韶光村内西侧的深公组和彭家组之间征用农田,集中规划、设计、新建农宅。其理由是:山冲内部交通不便,集中下山居住有利于生活和出行。该想法在政府人士中曾经得到不少支持。但若照此而行,集中新建的近百户农宅不仅将严重破坏自然和随机的宅群肌理秩序,而且也会对村域空间的现状格局秩序构成很大冲击。为尽可能保护基地的原生有机秩序,该提议最终被否定。事实上,自 2011 年小镇项目开展以后,铁皮村山冲内的不少农户,利用山冲内富有特色的梯田、水塘等自然景观资源,安静的环境,以及更为分散、独天独地的农宅分布场景,开设了好多农家乐,而且客流稳定、收益可观。宅群肌理保护因此取得了意想不到的效果。

5.1.3　功能嵌入

　　1)公共建筑布点

　　(1)原则

　　基地公共服务设施配置严重缺失。而要将社区服务、教育、医疗等现代功能植入,必然首先涉及公共建筑如何在村域范围内合理布点。为满足以小镇社区 2 500 多人为主的使用要求,以及适度照顾附近村落的潜在公共服务需求,这些公共建筑的建造规模必定远大于农宅,所以其布点位置必定会对目前的村域格局秩序产生较大影响。因此,公共建筑布点需要遵循以下基本原则。

第一,严格参照基地建设发展用地边界确定的结果,不涉足基本农田和生态公益林,尽量减少对自留地的征占。

第二,基地范围广阔、居民分散,公共建筑使用可能出现阶段性较大人流量,布点设置尽量靠近南环线,便于交通出入。

第三,鉴于公共建筑可能出现较大规模和体量,布点应避免位于居民组团的内部或紧邻其边界,应与其保持一定空间距离,减少压迫感,使空间更加自然过渡。

第四,整体相对集中、局部有序分散。各公共建筑宜相对集中布置,以形成一定的社区公共领域感,但亦应根据服务功能的差别,注意适当的间隔与分散。

第五,在小镇基地范围内,其服务半径不宜超过 2.5 km,非核心公建可根据实际适当放宽。

(2)布点设置

图 5.4　公共建筑布点
(资料来源:项目组)

建设发展用地边界确定的评估显示小镇公共建筑适建区主要位于韶光村东部的南环线两侧。此区域不仅地势较平坦,而且向东靠近韶山乡政府,也是前往市中心的必经地段。在此区域拟设置社区服务中心、小学、幼儿园、卫生院等公共服务内容(图 5.4)。

社区服务中心是小镇的核心公共建筑。选址位于韶光村南环线的新村组路段南侧,具体有三个理由:①此区域位于整个小镇农宅最集中的片区,从南北两个方向连接多个村民小组,近 200 户家庭(毛家组 36 户、新村组 42 户、光辉组 27 户、光明组 33 户、周家组 42 户、谢家组的一部分8户);②距离铁皮村最近,更方便该村村民;③地势较高,景观位置最佳,可俯视韶光村盆状农田景观。

同属教育系统的小学与幼儿园,总体规模较大,布点选址一并考虑,且宜靠近村域边界。废弃的毛家坞小学旧址,正好位于韶光村光辉组东侧的适建区内。原计划新建的 12 班小学,选址于此最为合理。但后来出于各种原因扩充至 24 班,导致用地局促,故向北延拓至南环线边界。6 班幼儿园选址于小学南侧。

卫生院功能特殊,考虑相对独立性,选址于南环线北侧某国有企业旧址,与其他公共建筑保持一定距离。养老院在方案初期曾有考虑,后出于两个原因暂时放弃,①两村集体经济基础薄弱,市乡两级政府年度财政十分有限,养老院长期运营恐有难度;②村民普遍认同传统家庭养老方式。

2）基础设施敷设

（1）村内道路

村内道路建设遵循四点原则。一是严格控制新建道路总量，如必须新建，尽量不占用耕地。二是道路宽度只考虑日常使用，忽略极端情况，可考虑隔段设置机动车交汇点。三是道路改造应尽量顺应现状自然曲度，不走直线，新建道路也应适度弯曲；四是入组道路均予以硬化，以水泥为宜（柏油含石化成分污染土壤），局部入户道路可考虑铺砖等。

实际建设中，在公共建筑较集中的核心区域，规划形成一条宽度 6 m 的环线道路。其中，环线东侧小学路段以及环线南侧的光辉组道路段，均为原路拓宽；而环线西侧现代农业休闲区路段，属于新建，全长约 800 m，沿耕地保护红线外侧铺设，并于南端预留与湘宁县的接口。对其余村内主要道路实行硬化、局部拓宽，入组和入户道路宽度分别为 4 m 和 2.5 m。（图 5.5）

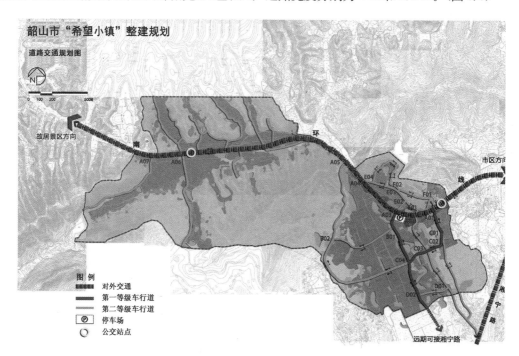

图 5.5　道路交通规划图

（资料来源：项目组李王鸣教授团队）

（2）给排水（韶光村为例）

给排水系统敷设遵循两点原则：一是针对自来水供应缺口，应考虑中长期需求，一次性满足；二是雨污排水依靠组团为单位的新建人工湿地，村内消化，降低管网敷设成本。

① 给水

水源与水量预测。基地由城市供水管网统一供水，依据《湖南省村庄建设规划导则》，居民和小学综合用水量分别按 160 L/（人·日）、100 L/（人·日）计算。主管 DN300 敷设于主路入口 A02-C03 和 A01-C01 段，覆土 0.7 m。配水管根据组团大小采用 DN200 和 DN150，覆土 0.6 m。进户管采用 DN25。部分消防用水与生活用水合并，中心区内东面 A01-C01 处设置消防栓，控制间距 80 m。西侧村域的 A05-B02 和 A03-B01-C04 处利用自

然水塘作为其消防用水。(图 5.6)

② 排水

家庭生活污水量以给水量的 80% 计算。两村均采用"厌氧处理＋水平潜流人工湿地"水处理方式,利用目前现有污水收集沼气池等设施,以居住组团或公建设施为单位,规划 85个折流式厌氧系统对各户废水进行二级处理,最后以分区的形式,规划 16 个人工湿地系统,作为污水的三级处理。公共建筑污水处理需纳入韶山市污水处理厂处理,新增污水管道敷设于南环线下。雨水经明渠或暗沟就近排入水塘、水渠或水平潜流人工湿地中的雨水收集池。图(5.7)

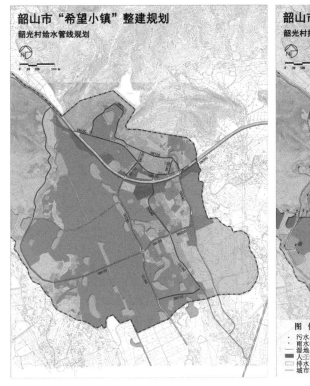

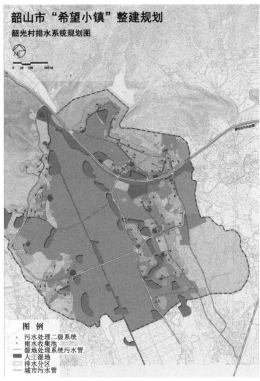

图 5.6　给水管网图　　　　　　　　　　5.7　排水管网

(资料来源:项目组李王鸣教授团队)

(3) 电力电信(韶光村为例)

电力电信线路接入遵循两点原则。一是针对两村夏季用电高峰期的供电不稳现象,以中长期需求增长为导向,给予一次性用电负荷补足。再就是电力电信管线尽量采用地埋式敷设,既有利于村落空间纯净,也更加安全。

用电负荷预测,根据《湖南省村庄建设规划导则》,80 m² 及以下农宅用电指标为 6 kW/户,80 m² 以上为 8 kW/户,公建用电指标为 60 W/m²。增加小型变配电房至 5 处,共 10 台630 kVA 变压器。电信规划按 1.5 门/户测算,住宅装机容量占小镇装机容量 80% 计。电信及广电接入机房依托村内公建。(图 5.8,图 5.9)

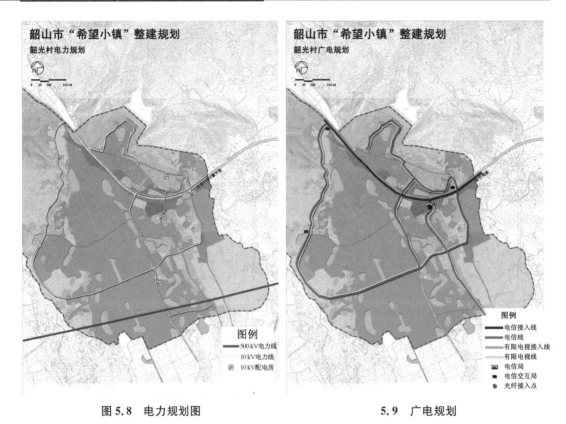

图 5.8　电力规划图　　　　　　　　5.9　广电规划

（资料来源：项目组李王鸣教授团队）

（4）不考虑燃气管网

虽然天然气有使用成本低、燃烧热值高、低污染等优点，但是小镇农宅布局分散，丘陵地区管线敷设成本过大。抽样调查也表明，当地农户有64%使用瓶装煤气，价格适中、配送也方便，而且大部分农户还保留了传统型煤炉和土灶。因此，管道煤气对当地实际意义不大，不予考虑。

5.1.4　村域更新总体愿景

通过低度干预方式，村域整合的愿景可以概括为"一轴五区"。一轴，即穿越两村境内的南环线，沿途可以尽览这一带的丘陵风光。五区：①农田景观风貌区——以韶光村宽阔盆地内的基本农田为主，春季的黄色油菜花、夏季的绿色水稻、秋季的金色稻谷，成为丘陵山区少有的大规模连片农田景观；②山冲景观风貌区——以铁皮村狭长形的山冲为主，形成鱼骨状空间形态，山冲内的梯田、水塘成为其独特景观；③乡村旅游休闲区——以现代休闲观光农业带为主，营造水系、滨水景观带、小块特色种植农田区与农家乐院落的错落关系，营造惬意的乡村田园景观；④公共服务中心区——集中布局社区服务、教育、医疗等公共服务设施和少量的旅游服务设施，运用当地材料、借鉴湘湘特色、通过现代建筑语言表达当地特色。⑤村庄生活体验区——以农宅较为集中的韶光村东部片区为主，介于公共服务中心区与乡村旅游休闲之间，利用旧有道路改造成小尺度的步行景观道，近距离体验现代小镇的生活状况。（图5.10,图5.11）

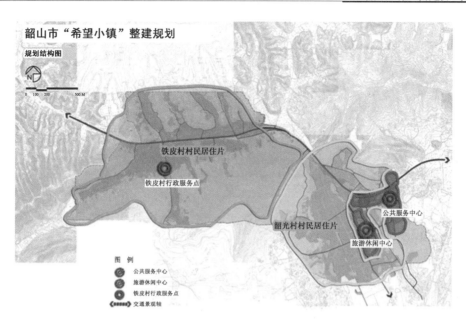

图 5.10　小镇村域整合愿景

（资料来源：项目组李王鸣教授团队）

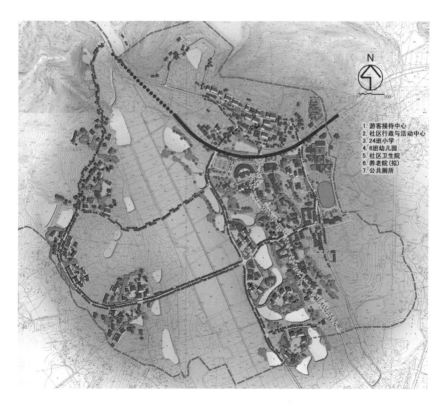

图 5.11　韶光村总平面图

（资料来源：项目组）

5.2　本土融合:公共建筑营造

公共建筑营造是营建方式策略组成的第二个方面。公共建筑不同于宏观性质的村域,它与农宅均为村域之中的空间单元,属于微观性质。并且,在公共服务设施严重缺失的小镇基地中,公共建筑作为新空间单元不同于既有农宅,因而其形制、形式与功能对现状基地乃至周边村落均具有较强的介入性和影响力。因此,本节将讨论公共建筑设计营造所应采取的"本土融合"方式,以实现与基地村落、周边村落乃至湖湘地域三个层面的本土建成环境、现代服务功能需求融合。

5.2.1　形制设定:体量与布局

1)形制设定的特点与过程

基地公共建筑的形制设定(建造规模、组成布局、建筑体量)具有较大的自由度。一般而言,城镇中的同类建筑设计工作,是在总体规划、分区规划、控制性详细规划、修建性详细规划、城市设计等自上而下逐步细化的前期工作内容之后开展。建筑设计工作往往按照上位的控制性、修建性详细规划所作出的多种控制指标开展,例如,用地边界、建筑退让、建筑面积、高度、密度、容积率、绿地率等具体指标。但是,小镇建设工作历来没有如此明确的层级划分,甚至未曾进入过正式的规划设计视野,不存在任何上位规划的控制指标要求。因而,小镇公共建筑设计的形制设定约束较少。

公共建筑布点初步完成后(5.1.3中已详述),形制设定的过程如下:首先是根据功能需求确定大致建筑面积;其次将该建筑面积、可能的建筑体量和布局,及布点范围附近的土地征用现状条件(包括征用价格、可征用面积、周边农户对征地的意见)等因素综合考量,粗略确定场地红线范围;然后征询包括村民团体在内的各参与方意见,进行公共建筑概念设计,基本明确建造规模、布局组成和建筑体量;接下来,组织各参与方及政府建设部门专家领导会审,同时向场地周边农户征询意见;最终明确形制要求,进行方案详细设计,并展开征地工作。

2)体量协调与布局考量

公共建筑作为新介入的异质空间单元,需要与农宅建筑进行体量协调。基地农宅主屋一般 3～5 个开间、2 跨进深,2 层高度。其量化尺度为:面宽约 12～18 m、进深 8～10 m(面宽大则进深小,面宽小则进深大),基底形状约为 12 m×10 m～18 m×8 m,基底面积 120～145 m²;层高一般为 3 m,总高度约 6 m(按檐口计算)。

体量参照是一种柔性约束。它并不意味着公共建筑的体量与农宅主屋要保持一致。相反,两者的差异是被允许的,甚至是必要的。重点是:根据建筑的定位与需要,合理控制这种体量差异的倍率和方式。因而,体量协调有削减和加强两种取向,并影响到公共建筑单元的布局组成。

第一,合理削减体量。对一般性公共建筑而言,当总体量明显过大时,就需要将体块适度分散和消解。例如:卫生院设计,就采用了短边 8～9 m、长边 16～20 m、层高 3.6 m、主体

2 层(局部 3 层)的体块组合;小学教学楼部分,也以 7.8 m×7.8 m 的小班制平面为单位进行错位组合,层高 3.6~3.9 m,2~3层。这样可有效缩小公建与农宅之间体量差异(图 5.12)。

体量控制削减完成后,往往会涉及组成布局问题。公共建筑的建造总规模,基本是由功能设置和服务人群数量要求所决定的。小镇公建的建筑面积都在上千平方米或更多,如果体量削减后,较小体块的组合必定要考虑其组成布局,这对小镇空间的局部视觉感受可能存在较大影响。以位于南环线北侧的卫生院为例。南环线作为穿越小镇的主干道,是小镇景观对外展示的重要视觉通廊。如果卫生院的建筑体块组合采取沿南环线横向展开的方式,则必然会对道路沿线视觉产生封闭感和压迫感,影响小镇特有的乡村景观体验。因此,设计方案尽量将各单元体块沿垂直于南环线方向分布(图 5.13)。此布局思路,甚至直接决定了后续的征地工作开展。同理,小学校舍的排布也采取了类似方式。但遗憾的是,设计后期应政府要求临时大幅度增加学校办学标准和规模,导致用地紧张,部分建筑体块在沿南环路方向展开稍显过度。

第二,合理加强体量。一些特殊公共建筑反而需要体现与农宅之间的体量差异。例如,小镇社区服务中心。现状中基地范围宽阔、农宅分布相对离散、现状村落中具有精神认同的核心空间欠缺,因此需要社区服务中心这样一个最综合、最日常的建筑,以较大体量来控制整个小镇场域。该建筑被

图 5.12 卫生院的小体量组合
(资料来源:项目组)

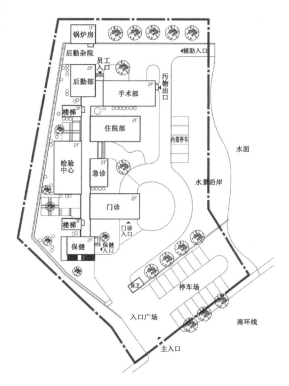

图 5.13 卫生院平面布局
(资料来源:项目组)

设置为约 45 m×25 m,占地面积约 1 125 m²(含内部庭院),层高 3.6 m,主体 3 层局部 2 层的独栋建筑。与普通农宅主屋体量相比,该建筑占地面积是普通农宅主屋的 8~9 倍,高度为 1.5~1.8 倍,总体量达到了 12~14 倍。从建成效果看,该体量与整个基地的气场比较相称(图 5.14,图 5.15)。

图 5.14　社区中心体量图　　　　图 5.15　社区中心与农宅体量比较

(资料来源:项目组)

5.2.2　形式设计:造型与空间、材料与构造

1) 形式设计的基本立场

《北京宪章》(1999)中有这样一段论述:"建筑学是地区的产物,建筑形式的意义来源于地方文脉,并解释着地方文脉。但是,这并不意味着地区建筑学只是地区历史的产物。恰恰相反,地区建筑学更与地区的未来相连。我们职业的深远意义就在于运用专业知识,以创造性的设计联系历史和将来,使多种倾向中并未成形的选择更接近地方社会。"[①]这是因为:"一个民族渴求代表自己文化传统和形象的东西是很自然的,但如果仅仅只是把这种东西理解为某些过去时代或特定地域的建筑符号、形式或风格,那显然是十分肤浅的,由此产生的建筑活动显然也是一种消极的活动。"[②]

因此,乡村公共建筑形式设计的基本立场应该是创新与传承并重。既要借鉴湖湘地域建筑形式的传统,又要避免符号化、风格化的误区。实际上,这里有许多"度"的问题,需要仰赖设计师的能力。

2) 造型与空间

(1) 借鉴的前提

对湖湘传统建筑地域特征的借鉴,借鉴魏春雨教授的观点,从类型学的角度出发,需要有以下两方面的认知前提。

首先,造型、空间形式类型与功能类型是可分离的[③]。已经被典型化了的传统建筑造型、空间,其产生源于最初对特定功能的需要,并在漫长的传统社会时期缓慢发展与固化。进入转型时期后,生产生活发生了变化,因而传统建筑的造型、空间原先被赋予的功能也可能随之逐渐消逝或转变。尽管如此,其经典的造型与空间类型却可以被相对独立地延续。通过对经典的合理吸收与融合,完全可以在传统形式的"旧瓶子"里装上现代功能的"新酒",

①　国际建筑师协会.北京宪章.1999.
②　徐千里.全球化与地域性——一个"现代性"问题[J].建筑师,2004(03):68-75.
③　魏春雨.地域界面类型实践[J].建筑学报,2010(2):62-67.

甚至依然能部分维系传统功能的"影子"。

其次,造型、空间形式是可以演化的①。在中国传统社会时期,长期受到礼制、技术、材料的固化影响,地域性的造型与空间形式类型必然是相对稳定的,但是随着旧社会秩序的瓦解、建筑技术的发展、新材料的涌现,建筑造型、空间完全可以从旧形式的母体中脱离,生长演化出新的造型、空间形式。新旧之间有遗传也有变异,是传统与现代的融合,绝非无根的"舶来品"。

(2)造型设计:借鉴与创新

湖湘地域的经典传统建筑,基本都是四方平面为基准的坡屋面及其组合。在传统时期,它们主要受礼制因素影响,跟随规模、等级、功能的不同,存在院落进数、单体建筑占地大小等平面差异,单坡、双坡、硬山、悬山、歇山、卷棚、重檐等屋顶形式及其组合区别。公共建筑设计中,可以一定程度地借鉴,将其中的一些元素以现代方式呈现。

例如,原先拟建的小镇游客接待站设计(图5.16),大胆采取了弧线造型。顺应弧形平面的小青瓦屋顶则采取了变截面、变高度的坡屋面形式,既借鉴了湖湘传统建筑屋顶部分幅度较大的举折与发戗意象,也与当地普通农宅坡面屋顶保持呼应。

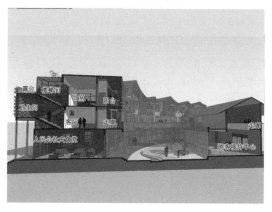
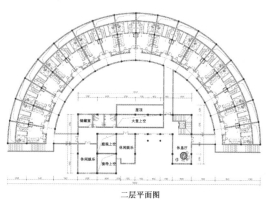

二层平面图

图5.16　游客接待站方案设计

(资料来源:项目组)

---

①　魏春雨.地域界面类型实践[J].建筑学报,2010(2):62-67.

　　其他公共建筑,虽然采取传统的较方正规整的平面组合,但在屋顶部分依然可以有所作为。例如,社区服务中心采用了双倒坡屋顶(图5.17),幼儿园则采用了错位式双坡屋顶(图5.18)。这两种坡屋顶形式更接近湖湘传统建筑与小镇农宅的坡屋顶形式,但也隐喻着建筑本身与农宅的不同性质与功能。

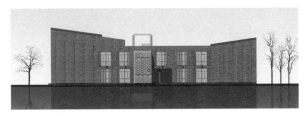

图 5.17　社区服务中心屋顶方案及实景

图 5.18　幼儿园屋顶方案及实景

(资料来源:项目组)

　　(3) 空间营造:借鉴与再现

　　湖湘地域自然与人文特征显著。它位于长江中游,属于云贵高原向江南丘陵过渡及南岭山地向江汉平原过渡的交汇多山丘陵地带,海拔高度分布在约20～1 500 m之间,且从西南向东北方向逐渐降低。区域内水利资源丰富,5 km以上的河流总长度达到9万 km。该地区属于大陆性亚热带季风性湿润气候,光、热、水资源丰富,年内气候变化较大,冬季寒冷,夏季酷热,春秋多变,降雨量十分丰沛①。湖湘地域人文积淀浓厚,早在五帝时期,就有舜帝南巡至韶山化育蛮夷的行迹,岳麓书院更是相传千年的国学中心,同时湖南省也是著名的多民族省份,地域文化分支多样。

　　独特的自然条件与人文传统,孕育了独特的湖湘建筑空间类型。小镇公共建筑设计借鉴了魏春雨先生总结的具有湖湘传统特色的天井、檐廊、晒台、狭缝空间、风雨廊桥等空间形式,并以新的方式再现。

　　① 庭院

　　湖湘传统民居常见"三合天井""四合天井"两种内庭院类型。其中,后者等级最高。其内庭院由主屋、两侧厢房和入口门厅围合而成,多为对称布局。社区服务中心因设计需要适

―――――――――

① 百度百科"湖南"词条。

度加强其体量,而被设计成占地面积达 1 000 m² 以上的较方整独栋建筑,适宜采用内庭院布局。这有四个好处。一、内庭院的掏挖有助于控制实际建筑面积。二、庭院所在的建筑中心空间最不适宜利用,内院开辟可以增加空间层次与采光。三、该楼所处的位置比较特殊,村民会从北侧南环线及南部村内道路两个方向进入,内庭院的设置恰好形成了东西、南北两个轴向,在大楼东、南两侧分别开设出入口,并让两个入口门厅与庭院形成连续空间,这样既方便人群出入,又强化入口大厅的景观效果。四、四合内庭院具有拔风作用,湖湘地域夏季酷热,内庭空气对流有利于降温和通风。(图 5.19)

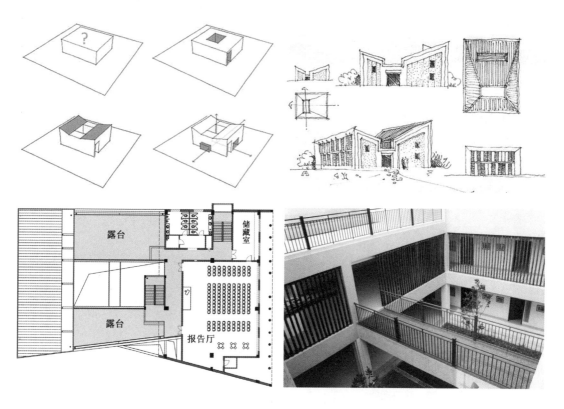

图 5.19　社区服务中心的庭院设计

(资料来源:项目组)

② 内檐廊

檐廊作为屋内外过渡的灰空间地带,在湖湘传统建筑中常见(图 5.20)。等级较高的传统民居,其檐廊空间通常会有廊柱,有 2 m 左右宽度、1.5～2 层通高。虽然当前湖湘地域的农宅,其檐廊因建筑结构变化而取消了廊柱和通高、减小出挑宽度,但作为过渡空间的原型依然多见。檐廊空间既是农宅入口,也是家庭日常生活的重要场所,例如整理性的轻便农活、看护幼儿、晾晒衣物、小憩、邻里串门聊天甚至用餐等。社区服务中心的东侧主入口沿袭了檐廊空间,三层通高的立柱与出挑 3 m 的屋顶,围合成现代檐廊,突出入口形象(图5.21)。

图 5.20　湖湘传统民居檐廊

（资料来源：Baidu 图库）

图 5.21　社区服务中心檐廊

（资料来源：华润集团）

③ 吞口空间

吞口空间是湘西苗族民居入口的特有做法（图 5.22）。通常，这些民居入口开间的正面墙壁和大门齐退一定距离，形成一个向内凹陷的吞口[①]。这种吞口做法如果能与檐廊空间叠加采用，可以形成大小、性质存在连续性变化的贯通空间，建筑入口体验更加有层次感，入口形象得到加强。社区服务中心即采用了这种设计手法（图 5.23）。

图 5.22　吞口空间

（资料来源：Baidu 图库）

图 5.23　社区服务中心楼吞口空间

（资料来源：华润集团）

④ 观景台

晒楼与晒台是湖湘山区比较常见的住宅空间形式（图 5.24）。由于丘陵山区的适建区域通常比较狭窄，村落民居建造有密集化倾向，造成了潮湿、通风不畅和景观视野狭窄的问题。因而，村民会将屋顶局部打通或二层局部开放，设置类似于小型望楼的空中平台，用于休憩、眺望，或晾晒衣物、谷物。社区服务中心的位置正好位于韶光村盆地的北端高地，其南向视野开阔，可以俯瞰韶光村的整体农居田园景观。因此，该楼南侧主入口的正上方设置了类似晒楼与晒台的"观景台"区域，作为对外展示小镇空间的一个驻足观赏节点（图 5.25～图 5.27）。

---

① 魏春雨. 地域界面类型实践［J］. 建筑学报，2010(2)：62-67.

图 5.24　湘居晒楼
（资料来源：Baidu 图库）

图 5.25　观景台位置
（资料来源：项目组）

图 5.26　观景台
（资料来源：项目组）

图 5.27　观景台视野
（资料来源：项目组）

⑤ 狭缝空间

狭缝空间的形式常见于湖南传统聚落中狭窄的街巷（图 5.28）。这种狭窄空间是由于聚落建造致密化而产生。但这种狭窄空间却可以附带提供一定的遮风避雨的功能，甚至夏季可以加强空气流动形成竖向拔风，降低温度。公共建筑中可以仿效此空间形式，在边角局部有意将结构体系与围护体系分离形成狭缝，从侧面或顶部导入光与风，形成风谷与风拔效应，特别是在西侧或南侧墙体如此处理，可起到竖向隔热、加强对流的作用①。社区服务中心东南角就设置了 3 层通高的狭缝空间，底部结合残疾人坡道，顶部则结合三楼会议室的休息阳台，增加了空间趣味（图 5.29）。

3）材料及构造

（1）材料选择：传达乡土性

小镇公共建筑的材料应传达真实、朴素的乡土性。本文语境中的乡村，其生产功能以种

---

① 相关内容参考魏春雨.地域界面类型实践［J］.建筑学报,2010(2):62-67.

图 5.28　狭缝空间

（资料来源：Baidu 图库）

图 5.29　社区服务中心狭缝空间

（资料来源：项目组）

植业为主。因此，土壤与农作物成为了乡土性最直接的来源。耕地被田埂与排水沟切割成相似形状，然而每一块耕地都存在着位置、面积、高低、起伏等差异；农作物以这些地块为单位进行种植，尽管农作物常以队列方式整齐种植，但每一株作物都是相似而不同。田野和庄稼各自的统一与差异，能完美融合、整体呈现（图 5.30）。这就好比传统乡土材料中的土坯砖与黏土砖，当它们砌筑成墙体后，每块砌体、每一道勾缝都是彼此相似却又不同（图 5.31）。这种一致性与丰富性达到极度平衡就是"乡土性"的天然表达之一，也是亚历山大所说的"有机秩序"的另一种微观状态。

图 5.30　耕地与玉米田

（资料来源：Baidu 图库）

现代建材中的瓷砖、地砖、玻璃、钢材等，其均质、规则的表面令肉眼难以分辨出丰富的差异，缺失微观的"有机秩序"。它们代表着华美与精致，而缺乏足够的朴素与真实，更欠缺人情意味。它们不适于作为乡村公共建筑的主要材料，特别是外观材料。相反，传统乡土建材中的黏土砖和青瓦等，由于制模、脱模差异和烧制过程中温度、湿度不同，它们在色彩、质感、局部尺寸上都有一些肉眼可辨识的差别。当这种差别特征以群体方式展现时，就能表达

图5.31　传统的土坯墙与黏土砖墙
（资料来源：项目组）

出乡村公共建筑所需要的微观"有机秩序"，即乡土性。

　　因此，小镇公共建筑的（外观）材料选择以当地普通、廉价甚至被弃置的材料为主。例如，本地产的黏土砖、水泥砖、竹子，还有不少废弃的青瓦、水泥管等。只要设计得当，完全可以转平庸为精妙、化腐朽为神奇（图5.32）。

黏土砖

空心水泥砖

废弃的青瓦

毛竹

图5.32　当地的乡土材料
（资料来源：项目组）

（2）构造设计：突出手工性、精细化

材料选择所注重的乡土性，还需要合理的构造①设计才能强化表达。这就要突出构造的手工性与精细化。现代语境中的乡土性构造表达，同样需要传承与创新。手工性，偏重于传承，是指对地方材料构造设计应注重发挥施工过程中工匠的人工技艺，这是对传统时期非工业化施工特征的延续。精细化，侧重于创新，是指地方材料构造设计要体现现代建造的精美品质，这是对传统时期非工业化施工的超越。

以砌墙为例。当前城乡间的主流做法是砖砌体砌完后进行饰面装修，如涂料粉刷、面砖铺贴、石材挂贴，甚至金属或玻璃幕墙包裹，对于砖砌体的砌法本身几乎不做任何技艺的考量和表达，依靠经工业标准化加工的成品材料来给建筑"镀"上光鲜外表。这种做法本身无可厚非，相反城市建筑往往需要以此种方式表达现代性。但是，此类方式如在乡村过度使用，将与乡村建筑朴素、真实的乡土特质颇为格格不入。而乡土材料构造设计的手工性、精细化要求，正是倾向于取消或减少墙体的外饰内容，充分暴露砖块砌体本身的搭接艺术、拼缝技术，实现乡土性的充分表达。

当然，手工性与精细化是有代价的。其构造设计要求，在施工中特别强调工人素质（敬业精神、技艺能力），因而乡村更新时，往往会一定程度地增加造价与工时。在传统社会时期及转型社会早期，劳动力资源丰富、人工成本低廉，手工性与精细化相对容易实现。而现代社会，重视时间成本，人工成本也不断攀升，手工性、精细化所需要的工匠的"专注"和"经验"，反而逐渐成为了"奢侈品"。这是为何仅能将这种构造设计要求应用于小镇部分公共建筑，却不能全面普及的重要原因。以下，列举小镇的一些乡土材料构造设计案例。

① 黏土砖运用

黏土砖由黏土脱模后烧结而成，是古老的建筑材料之一。传统社会里，乡村只有宗祠、寺庙和大户人家等重要建筑才能用得起黏土砖（以青砖为主），而中等及以下农户家庭多使用土坯砖甚至夯土墙。社会进入转型期后，黏土砖开始普及，而且由于青砖制作工艺较复杂②，形成了红砖为主的局面。

韶山当地有不少砖窑，红色黏土砖获取方便，且价格低廉。社区服务中心与卫生院清水砖墙的构造设计，注重黏土砖的拼贴方式，通过同类砌体材料表面的不同肌理，表达构造的手工性与精细化（图5.33）。施工中，首先应根据烧结质量对黏土砖进行精心挑选；其次，在砌筑时应注重收边、勾缝的整齐；同时，为提高防水性能，宜在砂浆中添加防水剂。

② 空心水泥砖

空心水泥砖是当地的多产建材，小镇就有两三户小作坊，以粉煤灰、煤渣为主要材料，制作工艺简单。但村民对该材料非常排斥，通常只被用于猪圈、围墙等附属临时性建筑。其实，该材料构型的通透性是完全可以被利用的特色。社区服务中心、小学的局部设计，专门

---

① 注：这里所说的构造主要是指建筑外观材料的组织、搭接与表达方式。

② 注：青砖和红砖均使用同一种土壤烧造，但冷却过程不同。红砖冷却使用"风冷"，空气直接进入砖窑，砖和氧气结合后，坯体中的低价铁完全氧化成三氧化二铁，形成红砖。青砖采用"水冷"，砖烧结后，为防止坯体内低价铁重新被氧化，窑体密封，并从顶部引水降温，窑内坯体的铁元素保持着还原状态，冷却后形成青砖。因此，青砖比红砖工艺更复杂、成本更高。

图 5.33　公共建筑的黏土砖的砌法

(资料来源:项目组)

引入该材料。在楼梯间和入口门斗附近,以墙体填充材料的方式,将空心水泥砖的孔洞面与密实面随机结合砌筑,加强所在位置的采光能力、通透性和光影变化效果,也增加材料构造应用的多样性。其粗糙的材质,配合精细的砌筑勾缝,是手工性与精细化有异于黏土砖的另一种体现(图 5.34)。

③ 水泥管

水泥管是韶山当地常见的道路水管建材,有不少被弃置,散落于路边。建设中对此专门进行收集,并将其截为 1 m 单位长度的管段,在管孔中心的空腔内配置钢筋,灌入水泥,一截一截嵌套叠垒,以悬殊的细长比,作为社区服务中心 3 层通高檐廊的构造柱。为传统建筑檐廊空间的再现注入了新元素,也节约了材料(图 5.35)。

④ 竹子

竹子是当地山林地的特产之一,但当地少有将其应用于建筑营造。这种细长的原生材料在室外环境中一般可以达到 3 年以上的使用寿命,且价格便宜、取材方便、柔韧度合适、可替换性强。社区服务中心二层的内庭栏杆(图 5.36)就以竹子为材料,在庭院空间与建筑廊

图 5.34　公共建筑的空心水泥砖砌法

（资料来源：项目组）

图 5.35　水泥管段用于檐廊的立柱构造

（资料来源：项目组）

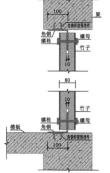
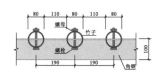

图 5.36　竹栏杆的效果及构造

（资料来源：项目组）

道之间,起到了耳目一新的界面限定。竹材需要根据直径要求精心挑选(80 mm),然后根据使用长度进行分段切割并简单刷一层清漆作为保护,干透以后,再通过钢构与螺栓进行锚固,同时对排列间距精确控制(110 mm 间隔),以保证使用安全。随阳光角度变化,竹栏杆的排列投影在中庭与廊道内也随之转移,产生光影变换,同时,竹材本身也会随着老化而发生色彩与质地的微妙变化。这些细节效果增强了建筑空间的"时间"体验,也为公共场所增添生机。

5.2.3　功能设置:服务与角色

公共建筑的功能设计需要满足与基地村落及周边村落两个层面的融合,实现作用倍增。首先,公共建筑既要充分实现为基地村民服务的全面配置,也应根据需要适当赋予特殊公共建筑以多重角色。其次,公共建筑的服务能力需要合理地辐射到公共设施同样滞后的周边村落,服务更多群众,达到以点带面的效果。

1) 服务综合配置、多重角色复合

(1) 服务综合配置

公共建筑功能配置既需要弥补之前的缺失,满足村民诉求,也应适度超前将未来可能需要的功能一并考虑。

以社区服务中心为例,建筑面积 2 457 m²,其基本功能包括门厅、社区党务办公、居民办事服务大厅、警务室、会议室、活动室等。同时,前期抽样调研中了解到村民对于购物和读书场所有需求,为此专门设置了华润万家超市、村民图书室等空间。此外,考虑到小镇社区农业可能向合作社方向发展,以及未来小镇人居环境更新特别是现代休闲观光农业带设立之后,会有不少的游客到访,为此特别设置了合作社金融服务点和小镇建设与风貌展览室,并留出一定比例的机动空间以备发展使用。上述功能是小镇现代乡村社区日常服务所必须。

另外,关于公厕的细节也值得考虑。最初规划按每 2～3 个村民小组设置 1 座小型公厕。由于小镇外来流动性人口少,农宅更新也将对冲水厕所专项改造,同时考虑到乡村公厕的清洁维护工作有难度,因而最终将公厕纳入社区服务中心一并考虑,稍微加大原有空间。此外,为适应村民卫生习惯,除残疾人卫生间外,统一采用蹲式便器。

(2) 多重角色复合

社区服务中心不仅承担着各项具体服务功能,而且还扮演着小镇入口形象和精神空间等重要角色。

首先,作为小镇入口形象。此前,韶光、铁皮两村沿南环线进出农宅组团的村组道路近20 条,但没有 1 个入口能承担起小镇入口形象。而社区服务中心选址不仅靠近南环线,而且南北向近 200 户家庭的 3～4 个小型出入口均集中于选址附近。因此,专门为服务中心场地布置了小镇入口广场、石碑、国旗杆、景观绿化等,通过建筑和场地将服务中心南北两侧的村落居住组团衔接,营造小镇入口形象。(图 5.37)

其次,作为小镇居民共同的精神空间。传统社会,乡村往往以祠堂等作为村落的精神中心场所。然而,时代变迁不仅带走了这些传统空间场所,而且很少给予弥补机会,特

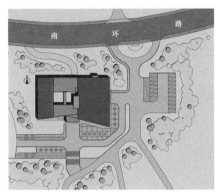

图 5.37　社区服务中心成为小镇入口形象

(资料来源:项目组)

别是今日小镇随着礼俗制度的消亡,村民似乎对此已没有了"复古"需求,但他们对共同的精神空间依然渴望。因此,社区服务中心作为核心公共建筑适合填补这一空白。为此,社区中心内部除拥有丰富便民服务功能外,还特意在中心的南侧入口处添设了一座数百平方米的小广场,并与东侧入口广场串联,共同为村民提供室内外集会活动空间,营造小镇核心精神空间氛围。

2)服务辐射

基地周边村落的公共服务功能同样严重滞后,为适度照顾周边地区、分享小镇资源,在充分考虑资源增加的边际效益基础上,适度提高了卫生院、小学等公共建筑的建设标准和功能配置。

卫生院,提供乡镇级标准的服务功能。此前,韶光、铁皮两村连同周边 3 个村落,约 7 000人仅共享一家 1960 年代建造的小型老旧乡中医院,就医十分不便。因此,新建卫生院的定位是:与现有乡中医院合并成一家规模中等、配置合理、中西医结合的乡镇级卫生院,为近半个韶山乡提供公共卫生和基本医疗服务。该卫生院建筑面积约 2 400 m²,20 个床位,设置了预防保健(含合作医疗管理)、门(急)诊、检验、放射、住院(含手术、产房)等科室,及配套厨房和小型餐厅、19 个停车位,能够基本满足当地卫生防疫、疾病治疗需要。作为非营利性医疗机构,职工由韶山市卫生局派遣,配置医护人员 25 名,职工基本工资的 70%由财政负担,其余 30%需由卫生院自筹。

小学,扩容至 24 班。最初方案,拟建规模为 12 个走读班,由华润慈善基金会全额出资。后韶山市政府提议扩容,理由是:12 班办学规模不足,难以吸引优秀师资,教学资源配置标准也会下降;虽然义务教育按地段划分生源,但师资与教学资源的优劣对招生和教学质量都会有一定程度的影响;同时,韶山市原本打算在市区和韶山乡交界处新建一所公立小学,但规模尚未明确,值此机会可以合并考虑。华润同意一次性扩容至 24 班(资金由政府分担),总建筑面积 11 680.6 m²,容纳学生 1 100人,提高土地和资金的利用率,整合优势,尽量创造优越办学条件。

5.3　原型调适：农宅更新

农宅更新是营建方式策略组成的第三个方面。农宅是现状村域中的主要空间单元,属于微观性质。本节将讨论农宅更新所采用的"原型＋调适"方式。具体阐述基于院落形制、建筑形式、居住功能的原型归纳、原型调适两个步骤的具体原则和做法,并附带讨论了社区微景观整治的重要性、原则及相关内容。

5.3.1　农宅原型的归纳

农宅作为基地人居环境的组成部分,呈现出院落形制彼此接近而又多样、建筑形式多样混杂、居住功能现代性滞后的现状。这是进行农宅归纳原型的认知基础。基地农宅原型对这三个现状进行回应如下:以体现乡土性为主要目标,延续院落形制彼此接近而多样的现状;以综合体现乡土性、现代性、经济性为目标,降低当前农宅建筑形式的混杂感,尽可能恢复建筑形式的多样与统一关系;以兼顾乡土性与现代性为目标,在保证乡村基本生产需求的基础上,提供一定的现代生活舒适功能。

1) 院落形制:一宅、一院、一菜园

根据基地农宅普遍的现状形制,一栋住宅、一个院子、一片菜园,应是农宅原型在形制层面上对乡土性的最本质表达和延续。其具体特征是:组成和体量方面,一栋独立3～4开间的2层独立住宅及若干间单层辅房,一个比较宽敞的院子;规模方面,宅院总面积0.5～1亩,总建筑面积200～400 m²,外加一片宅院外侧0.1～0.3亩自留菜地。另外,以往住宅院中常见的禽畜房舍,由于生产与生活方式改变导致畜养兼业行为明显减少,因而可以在组成上被略去,或与辅房合并考虑。

这种基本院落形制,令乡村与城市的居住方式产生核心差异,是乡土性的重要体现。城市住宅由于用地紧张,土地级差地租远比乡村高,因而规划建设都讲求紧凑和高效,导致其住宅与农宅相比有五方面的劣势:空间上难以享受"独天独地",良好朝向的开间数量偏少,建筑使用面积有限,失去院落生活,与自然接触与交往的机会不足。

2) 建筑形式:造型、结构、空间、构造、材料与色彩的框定

农宅主屋是农宅原型的核心部分。基于对小镇农宅建筑形式多样混杂的现状分析,大致可从造型、结构、空间、构造、材料与色彩等几个方面对建筑形式进行原则性框定,同时要综合考量乡土性、现代性和经济性的诉求。

(1) 结构。为安全起见,钢筋混凝土框架应作为优先考虑的结构形式,但也可以根据实际经济情况允许选择成本较低的砖混结构。

(2) 造型。农宅主屋延续当地传统的方整平面、双坡屋顶,毗连的辅房屋顶可采取平顶兼作露台,亦可采用常见的单坡屋顶。细部造型应对结构状态作出朴素的表达,特别是立柱、墙体与坡屋顶三者彼此间的交接处。另外,对湖湘传统民居的一些符号,例如举折、戗脊等,不作复制表达,因为这些民居的主人多为古代官商,有资金实力和审美情趣,有能力选择复杂的造型表达,并不适合普通农宅。

（3）空间。推荐为农宅增加入口与阳台两者合体的"门头"空间。一方面是因为增加门头部分可以为农宅加强入口形象、提升立面的层次感，同时可额外为农户提供一个可以独立使用的阳台空间。门头具体的高度、进深、开间等根据农户实际需求定制。

（4）构造。墙体以实砌为佳，也可保留当地长期流行的空斗砌法①。坡屋顶，依然可沿用当地常见且造价低廉的木构屋顶，如经济条件允许推荐采用现浇屋面。

（5）材料与色彩。这里主要指建筑外观材料与色彩。首先，屋面沿用当地流行的小青瓦。其次，外墙主体采用较有质感的真石漆喷涂、草茎水泥抹面，或毛面水刷石，墙体色彩尽量接近当地土壤的色调——暖灰，工艺条件和造价允许的情况下推荐清水砖墙，应避免各色釉面瓷砖的"土豪"做法。关于传统乡土材料的土坯砖，已不能适应当地农宅建造，虽然其隔热、隔声性能良好，但是墙体易开裂，且挖泥、拉泥、和泥、制模、晒干、脱模、修边等复杂工序耗时长，建造成本过高（2011 年当地建筑工人日工资约 150 元）。再次，门窗、栏杆材料推荐选用金属材质，牢固、密闭性好，但不宜采用闪光发亮的本色铝合金，宜采用内敛的偏灰色系，玻璃则以传统透明色为宜。

3）居住功能：符合生活需求的现代配置

居住功能应兼顾乡土性与现代性。除了提供堂屋、卧室、卫生间、厨房、储藏间等基本空间外，根据基地农户实际需求，增加阳台、露台、车位等舒适性配置。综合来看，基地农宅原型的现代居住功能空间种类及数量需配置如下：堂屋 1 间，房间 4～6 间（一楼 1～2 间、二楼 3～4 间），厨房辅房 1～3 间，用水卫生间每层至少 1 间，门头（含阳台）1 座，露台 1 个，车库 1 个（露天或室内），其余储藏等附属空间若干。

通过上述对形制、形式和功能三方面的归纳，大致得出了基地农宅的原型。基地农宅在拥有现代功能的同时，使用面积宽敞，还有新鲜空气、宽阔景观、静谧田园相伴，综合居住品质并不逊色于城镇现代住宅，甚至有所超越。农宅原型的各项特征谱系可归纳成表 5.2，并依据这些特征给出一个具有一定代表性的农宅原型概念草图（5.38），为后续的原型调适奠定基础。

表 5.2　农宅原型特征谱系

大类	小类	具体要求
院落形制	建造规模	院落 0.5～1 亩，总建筑面积 200～400 m²，菜园 0.1～0.3 亩
	布局组成	一栋住宅、一个院子、一片菜园
	建筑体量	主屋 3～4 开间，2 层
建筑形式	结构	框架结构（优先）或砖混结构
	造型	方整平面为主，双坡屋顶 注重结构本身的朴素表达，避免简单"符号化"
	空间	门头空间

———————————

① 注：空斗砌法是用砖侧砌或平、侧交替砌筑成空心墙体。自重轻、造价低、隔音好，但不利于线路埋布。

续表

大类	小类	具体要求
建筑形式	构造	墙体:实砌(优先)或空斗砌 屋顶:木构(优先)或现浇
	材料	屋面:小青瓦 外墙:草茎水泥抹面、毛面水刷石、真石漆或清水墙 门窗:铝合金(优先)等 栏杆构件:铁件
	色彩	屋面:青瓦本色 外墙:偏暖灰的本色或喷涂 门、窗、栏杆:深色系,玻璃以透明色为宜
居住功能	种类及数量	堂屋1间(宽度为1~2个开间),房间4~6间(一楼1~2间、二楼3~4间),厨房辅房1~3间,用水卫生间每层至少1间,门头(含阳台)1座,露台1个,车库1个(露天或室内),其余储藏等附属空间若干

(资料来源:自制)

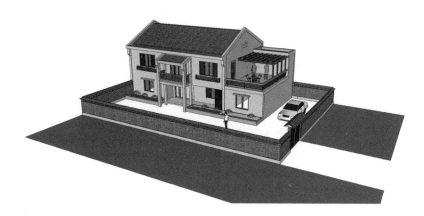

图 5.38　基于特征谱系的农宅规制概念草图

(资料来源:项目组)

5.3.2　农宅原型的调适

1) 前提:建筑质量评估与分类(以韶光村为例)

归纳原型虽然已经完成,但它仅仅是对农宅的若干基本方面做了概括界定。在农宅更新中,原型须经调适,以适应各户具体要求。

然而,原型调适有前提,即:对基地农宅建筑质量进行评估分类,明确每一户农宅采用改造或是新建。该评估分类工作包含两个方面。第一,以农宅主屋建筑质量优劣判断标准,给出改造或新建建议,结构安全性高的建议保留,中等的予以修缮,较差的(以土木结构住宅为主)建议拆除。第二,尊重业主意愿,有些土木或砖木结构住宅的农户,即便结构安全性较好,他们也希望全部或部分拆除,新建农宅。

　　建筑质量判断主要依据建筑结构质量。对韶光村 279 户农宅调查显示,农宅主屋建筑基本有四种结构类型,分别是砖混、砖木、土木、框架。但是由于之前提到的"建筑混搭"原因,这些结构类型时常会在单户农宅中两两同时出现。将关于建筑结构质量优劣的评估结果(图 5.39)与业主意愿结合后,需要对韶光村的每一户农宅进行详细分类,分别是:A. 原样保留,B. 外观整治,C. 主体修缮,D. 拆除原址新建。统计显示,需要外观整治与主体修缮的建筑占比超过了 85%,有 10.75% 的农宅主屋需要拆除重建。这就总体上决定了韶光村基地农宅更新是以改造为主、新建为辅。(表 5.3)

 A. 建筑质量以及外观完好无需整治,原样保留(主要是2000年以后修建的少量新房)	 B. 建筑结构质量完好,外观需整治 B—1,部分建于1990—2000年的农宅主体结构和使用状况良好,有一些不太合适或者格调低俗的元素。需要协调整体风格进行外观整治	 B—2,部分建于1990年代初的农宅,主体结构和使用状况良好,外观渐显陈旧,需结合整体风格统一外观整治	 B—3,少量建于1980年代的红砖房,仍可正常使用,除少量质量优良的清砖建筑,其余均需结合整体风格统一外观整治
 B—4,少量质量上乘的,至今仍正常使用的生土房子,稍作修缮,作为地方建筑文化特色保留	 C. 建筑主体需修缮 C—1,少量1980年代以后所建房屋,局部主体构件(墙体、屋面)受损,如要继续使用,需进行整体修缮工作	 C—2,少量土房子,局部墙体或者屋架受损,可结合住户意愿加固修复,体现地域建筑文化特色	 D. 需要拆除的危房 主要是少量残破、无人居住的土房子

图例
- A原样保留
- B-1某些元素不合适,需协调整体风格
- B-2外观较陈旧,需翻新
- B-3红砖房,修缮后保留
- B-4质量尚可的土房子,修缮后保留
- C建筑主体局部受损,需修缮
- D危房,需拆除

图 5.39　韶光村建筑质量评估图

(资料来源:项目组)

表 5.3　农宅建筑更新方式分类表

分类	福星、深公组 36	彭家组 34	光明组 38	铁皮组 14	毛家组 34	谢家组 18	周家组 37	光辉组 25	新村组 43	总计 279	百分比
A	1	0	0	3	0	0	0	1	0	5	1.79%
B	14	8	36	9	26	17	32	19	31	192	68.82%
C	2	0	1	2	1	0	2	2	4	14	5.02%
D	4	7	1	0	5	1	1	3	8	30	10.75%
AB	1	0	0	0	0	0	0	0	0	1	0.36%
BD	14	19	0	0	2	0	2	0	0	37	13.26%

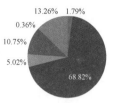

建筑质量评估
■ A ■ B ■ C ■ D ■ AB ■ BD

13.26%　1.79%
0.36%
10.75%
5.02%
68.82%

（资料来源：项目组）

2）原则：安全与加法原则

（1）原则一：优先保证结构安全

基地农宅更新以采取改造为主的方式，因而安全性成为首要原则。农宅改造必然对旧建筑实施介入干预。为将介入干预对旧建筑的影响减小到最低，同时确保与旧建筑划清安全责任分界，预防法律纠纷隐患，需要遵循以下四条安全细则：

第一，除必要加固外，不对既有支撑结构做变动。

第二，对主体围护结构不做根本性变动，但允许局部开洞、饰面处理。

第三，局部扩建或新建的建筑，可以与旧建筑发生连接，但其结构须完全独立（图 5.40）。

图 5.40　住宅扩建部分的独立梁柱结构

（资料来源：项目组）

第四，对于结构存在较大隐患的危房，如户主不同意拆除重建，则只能提供局部加固和饰面粉刷等低扰度改造。

（2）原则二：做"加法"

"加法"是指：农宅更新应为农户带来正面的、积极的"增益"感受。根据对基地居民长期进行的访谈和摸底调查，当地村民对农宅更新大致持有如下心理：宜进不宜退，宜多不宜少，宜大不宜小。宜进不宜退，指农宅更新的整体效果必须明显提升；宜多不宜少，指更新后的各居住功能在种类、数量上应有增加；宜大不宜小，指农宅更新需要为农户直接带来实际使用面积的增加（政策允许范围内）。

3）调适：多样、模块化的菜单选择

农宅建筑质量评估与分类决定了每一户农宅是需要改造还是新建。接下来的工作是根据每户农宅的具体现状和要求，将农宅原型进行调适。但是由于 570 多户农宅数量庞大，难以针对每一户进行单独调适。因此，一种比较合适方法是像庖丁解牛一样将农宅的形制、形式和功能按照类别进行"模块化"，然后为每一个模块提供若干种符合当地特色和需求的可能选择项,并由农户自行选择。这些选择项并非经过严格量化,在具体施工中依然可以进行灵活调整。下面表格列举了一些主要的模块类型和选择项,例如院落布局、主体体量、屋面、门头、墙体材料与色彩、院墙等(表5.4)。

表 5.4　模块选择菜单举例

分类	模块类别选择			
院落布局	前院	侧院	前院＋侧院	前院＋后院
主屋体量	两层四开间含露台	两层四开间无露台	两层三开间无露台	单层三开间
门头	双开间二层坡顶	单开间二层坡顶	单开间二层平顶	单开间二层无顶
屋面	硬山	悬山	—	—

续表

分类	模块类别选择			
墙体材料色彩	 毛面水刷石	 清水红砖墙	 浅色草茎水泥	真石漆(暖灰色调)
犀头	 长牛腿	 短牛腿	 无牛腿	—
院墙	 红砖/水泥砖花砌	 红砖/铁艺	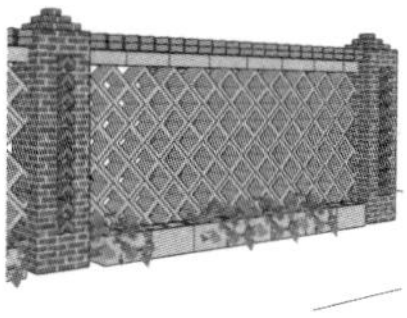 红砖/水泥砖斜砌	 红砖/水泥砖空斗
屋前花坛	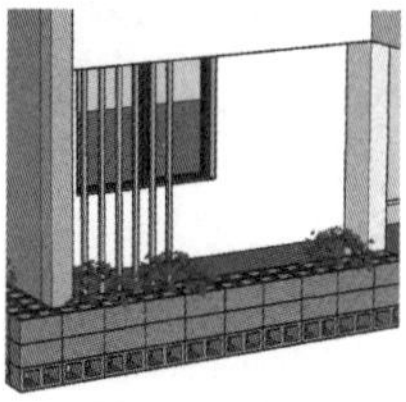 水泥砖砌简易花坛	 宽池型花坛	 窄池型花坛	—
空调机位	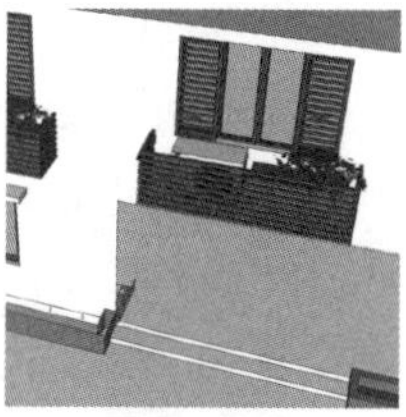 正面空调机位	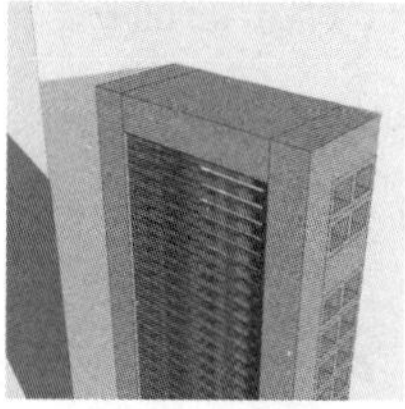 侧面空调机位	—	—
居住功能	堂屋1间(标配)	房间4～6间(可选)	厨房辅房1～3间(可选)	用水卫生间每层至少1间(可选) 储藏间若干(可选) 露台1个(可选) 露天或室内车库1个(可选) 门头(含阳台)1座(可选)

(资料来源:项目组)

4）案例：农宅的改造与新建

（1）改造

基地农宅改造数量占比超过 85%，是农宅更新工作的重点。通过提供多样、模块化的菜单选择，能够较容易协调目前紊乱的农宅风貌并植入现代功能。在此，以韶光村新村组的一个三户农宅小组团改造为例，简要回顾解析。

三户住址位于社区服务中心的南侧，既是进入韶光村南部的门户区域之一，也是拟改造的步行景观道的起点区段。三家是兄弟关系，大哥李 YW（A）、二哥李 XP（B）、三弟李 SQ（C）。两位哥哥的家宅沿村内道路并排而建，三弟家位于二哥家背面。三户人家彼此相邻，又与周边农宅有一定空间距离，因而作为一个小组团进行综合改造（图 5.41）。

图 5.41　三兄弟的农宅位置

（资料来源：项目组）

三户农宅的现状形制、形式存在差异，特别是建筑形式差异较大。

李 YW 家宅建于 1990 年代初期，建筑面积 320 m²，占地 220 m²（含 80 m² 院落）。主屋为 3 开间 2 层砖混结构，小青瓦双坡屋顶，正面墙体局部为水刷石，其余墙体为空斗清水砖墙。全木质深红色门窗，透明玻璃。1 层辅房紧贴于主屋背面（简易建造）。前院空间有限，经过硬化已与宅前入村道路融合。（图 5.42）

李 XP 家建于 2005 年以后，建筑面积 300 m²，占地 180 m²（含 50 m² 院落）。主屋为 3 开间 2 层砖混结构，小青瓦双坡屋顶（四周有女儿墙竖起遮挡，正面 2 层顶部有蓝色琉璃瓦披檐），墙体正面为白色花纹瓷砖，其余 3 面均为水泥抹面。本色铝合金门窗，透明玻璃。单层单坡屋顶辅房紧贴主屋右侧（简易建造）。宅院同样与院前道路硬化融合，实际约 50 m²。（图 5.43）

李 SQ 家稍早于二哥家建造，建筑面积 300 m²，占地 290 m²（含 100 m² 院落）。主屋 2 开间 2 层砖混结构，小青瓦双坡屋面（四周有女儿墙竖起遮挡，正面 2 层上部有红色琉璃瓦披檐），墙体正面为米色瓷砖，其余三面均为水泥抹面。1 层木质门窗，2 层本色铝合金窗框、绿色玻璃。单层单坡屋顶辅房紧贴主屋右侧。有较大前院及一个右侧院，总面积约 200 m²。（图 5.44）

图 5.42　李 YW 家

图 5.43　李 XP 家

图 5.44　李 SQ 家

改造前的三兄弟农宅

（资料来源：自摄）

另外,三户住宅在现代功能上均存在不足。如卫生间配置不足,没有自来水管网接入(全部采用打井抽水),阳台、露台缺乏等。李SQ家实际只有2开间,房间数量不足。

针对以上农宅现状,结合农户对模块菜单的选择要求,参照农宅原型进行调适,内容包括院落形制(建造规模、院落布局、主屋体量),建筑形式(主屋结构、门头、屋面造型,主屋及附房的墙体和屋面材料,院墙、门窗材料、色彩),居住功能(新增冲水卫生间、露台、阳台、车库等)。改造前后的详细项目对比见表5.5,方案与实际效果见图5.45～图5.48。

表5.5　三兄弟农宅改造前后对比表

内容		改造前			改造后		
		李 YW	李 XP	李 SQ	李 YW	李 XP	李 SQ
院落形制	建造规模	建筑面积 320 m²,占地 220 m²(含 80 m² 院落)	建筑面积 300 m²,占地 180 m²(含 50 m² 院落)	建筑面积 300 m²,占地 290 m²(含 100 m² 院落)	建筑面积 340 m²,占地 220 m²(含 80 m² 院落)	建筑面积 300 m²,占地 180 m²(含 50 m² 院落)	建筑面积 390 m²,占地 335 m²(含 100 m² 院落)
	院落布局	无独立院子	侧院	前院＋侧院	增加侧院	修整侧院	修整前院、侧院
	主屋体量	2 层 3 开间＋1 辅房(背后)	2 层 3 开间＋1 辅房(侧)	2 层 2 开间＋1 辅房(侧)	主房保留,辅房重建	主房扩建(4 开间)、辅房重建	主房扩建(3 开间)、辅房拆除后新建
建筑形式	结构	砖混,木构坡屋顶	砖混,木构坡屋顶	砖混,木构坡屋顶	主房保持砖混,重建辅房使用框架,木构坡屋顶	主房保持砖混,重建辅房使用框架,木构坡屋顶	主房保持砖混,主房扩建部分及重建辅房使用框架,木构坡屋顶
	门头造型	无	无	无	平顶	单开间坡顶	单开间坡顶
	屋面造型	双坡悬山	双坡硬山(四周女儿墙遮挡)	双坡硬山(四周女儿墙遮挡)	保留双坡悬山	修补双坡硬山屋面,去除女儿墙	修补双坡硬山屋面,去除女儿墙
	墙体材料与色彩	正面淡红水刷石,其余清水砖墙	正面白色瓷砖,其余水泥抹面	正面米色瓷砖,其余水泥抹面	墙体黄色系真石漆(可选色域范围 25Y 之 33A-37B);柱子灰色系真石漆(可选色域范围 10YR 之 02A-06A)(注:色彩标号按照立邦漆创彩美色五百系统)		
	院墙	无	有	无	增加侧院墙	重建侧院墙	不需院墙
	屋面与门窗的材料与色彩	小青瓦,全木质深红色门窗,透明玻璃	小青瓦,本色铝合金门窗,透明玻璃	小青瓦,1 层木质门窗,2 层本色铝合金窗框、绿色玻璃	小青瓦,深灰色铁件及铝合金窗框,透明玻璃		

续表

内容		改造前			改造后		
		李 YW	李 XP	李 SQ	李 YW	李 XP	李 SQ
居住功能	功能空间	堂屋、卧室 5 间、厨房、干厕 1 间、储藏间	堂屋、卧室 5 间、厨房、简易卫生间 1 间、储藏间	堂屋、卧室 4 间、厨房、简易卫生间 1 间，储藏间	增加 2 个冲水卫生间(1 层干厕改造，2 层增设)，增加露台和阳台各 1 个，侧院 1 座，储藏间 2 个	二层增加 1 个冲水卫生间，增加露台和阳台各 1 个，侧院改造(作为露天车库)	二层增加 1 个冲水卫生间，增加露台和阳台各 1 个，室内车库 1 个

（资料来源：自制）

图 5.45　模型效果意象

（资料来源：项目组）

图 5.46　改造后的李 YW 家

（资料来源：华润）

图 5.47　改造后的李 XP 家

（资料来源：华润）

图 5.48　改造后的李 SQ 家

（资料来源：华润）

（2）新建

农宅新建仅占农户总数的 10％左右。主要有三个类别：1980 年代以前无法改造的单层土木结构农宅，结构差，农户要求进行重建，这一部分是最主要的群体；1980 年代建造的单层砖木结构住宅，它们或是因住宅面积无法原址增加，或是因结构出现重大缺陷而要求重建，这一部分占次要比重；另外，还有少量 1990 年代初期建造的部分砖混结构住宅，主体虽完好，但局部损坏，农户主动要求重建。

新建的方式分为两种，委托设计与自主设计，绝大部分为原址重建，极少数因子女分户而辟地新建。其中，委托设计在新建农宅中占 90％以上，自主设计则不足 10％，主要是一些有较强自主性的富裕家庭。

委托设计的新建农宅，首先根据其宅基地大小、农户建房预算、村民要求，由设计方给出一个基于农宅单元原型的农宅推荐户型，然后由农户根据自己的意愿从提供的模块菜单中进行具体选择和修改，确认以后，进行详细设计。由于模块化的设计，从开间大小、房屋进深、平面布局等，都形成了一定的规律性，施工队经过几栋农宅建造以后，就能够很容易掌握具体的建造细节和注意点，然后在其余农宅建造中依样套用即可。因此，并不需要为每一栋农宅都单独进行详细的施工图设计。这种建造方式更接近于当地的传统乡土建造，提高了效率也降低了设计成本。（图 5.49）

图 5.49 韶光村光明组、光辉组的两户委托设计农宅

（资料来源：自摄）

自主设计的新建农宅，由农户自行设计与建造。这一部分村民家庭普遍经商或办厂，家境富裕。为普通农户家庭量身定制的农宅单元原型，多数情况下难以满足这些特殊农户的审美和日常使用要求。对此，应抱以充分的理解与尊重，不可以强求。尽管如此，在这些农宅设计开工之前，依然需要与业主们进行良好沟通，预防这些新建的农宅与基地整体建筑风貌出现不和谐。沟通内容主要是最基本的建造"底线"，例如，最多不超过 3 层高度，双坡屋顶为主，外墙材料与色彩相近等。（图 5.50）

图 5.50　韶光村新村组某自主设计新建农宅

(资料来源:自摄)

5.3.3　社区微景观整治

1)重要性及整治原则

基地社区微景观虽然不如村域空间格局、建筑群体肌理、空间单元形制、建筑单体形式容易界定,但它们当前缺乏设计营造和维护管理的两大现状问题,严重影响了基地社区的亲和力,对基地有机秩序起到较大的负面背景性影响,将妨碍人居环境在新型城乡交换中的价值实现。从根源上看,主要是当地居民,特别是留守老人和妇女群体的文化层次低、经济收入少、能力有限,造成了其环保意识、生活情趣、审美需求的缺乏。

为此,基地社区微景观整治需要从设计营造、管理维护两方面入手。前者是短期行为,后者是长效要求。微景观的设计营造应遵循四个原则:低成本、质朴美观、耐用、易维护。其中,前三者主要是为了适应基地目前的经济发展水平,体现其乡土特质;后者主要是为了顺应乡村居民的生活习惯,特别是当地居民现阶段的人群素质。基地留守老人和妇女普遍文化层次较低、小农意识明显,因而公共性质的社区微景观设施在日常生活中被粗暴使用、侵占甚至毁坏的可能性始终存在。如果微景观设施的施工构造过于复杂,材料或装置不易本地获取,那么它们很可能因无法得到维护而变成"一次性"设施。

其次,管理维护是基地社区微景观设施长期为居民服务的保证,为适应现阶段的基地社会状况,应采取分片包干、责任到人、有偿服务的原则,同时指导和鼓励村民主动关心和维护。基地为此制定了社区环境管理维护细则,以韶光村片区为例,该区域目前共有 9 人分片负责卫生清洁和日常维护工作,均以兼职为主,工作时间为早上、傍晚各约两小时,根据包干区域大小,工资 800~1 000 元/月不等,由村集体资金支付。

2)整治内容

社区微景观整治内容,重点应集中于村内重要节点、道路沿线一带以及农宅周边。这些区域及其设施将是与村民、游客日常接触最为频繁的地方,也是最能体现基地社区微景观亲和力的地方。因此,在这些地方应给予充分重视。而且农宅附近的区域可以动员和鼓励村民自己动手,并可以免费为他们提供建材及设计指导,以培养留守人群的生活情趣和环境意识。(表 5.6)

表 5.6　小镇基地的一些微景观节点整治效果

自留菜地	 （资料来源:自摄）	宅前花坛	 （资料来源:自摄）
台地及便道	 （资料来源:自摄）	入口小广场	 （资料来源:自摄）
村内主路	 （资料来源:项目组）	坡道	 （资料来源:华润集团）
健身场地	 （资料来源:华润集团）	太阳能路灯	 （资料来源:华润集团）

续表

标识系统		公交站	
	(资料来源:自摄)		(资料来源:华润集团)

5.4 本章小结

本章是小镇基地人居环境有机更新策略之营建方式部分的详细实践论述。本章从三个方面进行阐述。

首先是采用"低度干预"方式进行村域整合。①格局保育,提出了村域建设发展用地边界确定的方法,自然环境综合保育的政策,以及现代休闲观光农业带设立的原因和具体手法。②肌理保护,基于对缓慢、随机、同构、致密化、扩散性等五个肌理秩序生成特征,提出对现状各户宅基地的位置、形状、方向、规模等内容尽量不作调整的具体保护手段。③功能嵌入,具体给出了公共建筑布点的五条原则,以及道路、水电管网等基础设施敷设的相关原则。

其次是采用"本土融合"方式进行公共建筑设计营造。详细阐述了三块内容:公共建筑单元形制的建筑体量及组成布局与基地村落相融合的原则和手法;建筑形式的造型、空间、材料、构造与基地村落、湖湘地域传统特色相融合的原则和手段;公共功能的服务、角色与基地村落、周边村落相融合的原则和具体考量。

再次是采用"原型+调适"方式进行农宅更新。详细阐述了:①农宅原型归纳,讨论基于院落形制、建筑形式、居住功能三方面的原型归纳内容与乡土性、现代性、经济性要求的结合,以及归纳后生成的农宅原型特征谱系;②农宅原型调适,讨论调适过程中作为前提的现状农宅建筑质量评估与分类方法,针对农户心理提出的"安全"与"加法"两项原则,以及多样模块化的菜单选择式具体原型调适措施;③社区微景观整治的重要性,并提出了低成本、质朴美观、耐用、易维护四条整治原则。

本章内容与建筑学本身关系最为密切,故篇幅为全文之重。从宏观的村域整体,微观的公共建筑、农宅三方面,完成了对第4章建构的小镇基地人居环境有机更新策略的第一部分(营建方式)的细化讨论。下一章将详细展开有机更新策略的第二部分(合作机制)的讨论。

6 "乡村更新共同体"的机制与效能

第5章针对小镇基地的人居环境有机更新策略第一部分的具体实践——营建方式,进行了总结与论述。本章将在笔者亲身观察、参与的基础上,同样主要采用归纳总结的方法对有机更新策略之第二部分的具体实践,即"乡村更新共同体"的合作机制进行讨论。

由内、外部多方力量结合形成的"乡村更新共同体",兼容了乡土建造与现代建造两种模式的优势,其目的是为了应对基地乡村的经济社会衰弱、内生建设力量(人力、物力、财力、组织力等)严重不足的现实,以顺利推进基地人居环境的有机更新。基于此,本章将具体剖析和总结该共同体在小镇人居环境有机更新过程中的基本架构及其内部关系,主要工作内容与方式,以及在共同体长期运作基础上,如何推动基地的产业帮扶、组织重塑等,以实现当地经济社会可持续发展与振兴。

6.1 共同体的架构与内部关系

6.1.1 架构

"乡村更新共同体"主要由四方面的团体组成。①华润集团(基金会、驻村项目组),作为小镇建设资金的主要赞助者和小镇建设理念的践行者,全面参与每项建设内容,是共同体的核心。②地方政府(市、乡两级政府),充分认可华润的建设理念,并提供政策和部分资金支持以及行政授权,是共同体的保障。③村民团体(村委干部、村民),作为小镇建设开展的主体和最终受益者,提供建议和需求,是共同体的群众基础。④设计单位(浙江大学设计团队、湖南省建筑设计研究院),拥有专业眼光与技术,是共同体的智囊。共同体的架构具体如图6.1所示。

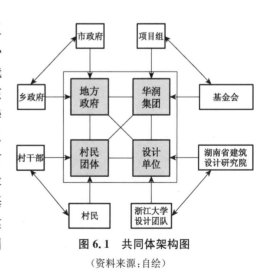

图6.1 共同体架构图

(资料来源:自绘)

1)华润集团

(1)竖向整合

华润集团的小镇建设专门机构分为上下两级。作为上级的华润慈善基金会是管理机构,对华润相关工作拥有最高决策权,并协调集团总部及其各部门公司,为小镇建设提供必要的人力、财力、物力支持;作为下级的华润驻村项目组,是基金会派出机构,具体执行决策、反馈信息,并拥有一定的决策授权。

（2）横向整合

华润驻村项目组,作为慈善基金会深入当地的神经末梢,具有特殊重要的作用。因此,项目组成员需要从华润集团内部挑选,经过精心整合,形成6～8人的小规模精干团队。该团队成员的整合原则大致出于专业能力、地缘关系、年龄结构三方面的考虑。

首先,专业能力整合。小镇建设初期,项目组共6人,分别来自华润的置地、水泥、燃气、电力、零售、五丰行这六大利润中心。他们均拥有大学本科及以上学历,拥有不同的专业技能背景,实现专业互补。来自置地、水泥、燃气、电力的4位成员能够专门对口小镇的人居环境改造,来自零售、五丰行的2位成员主要为小镇建设后续的产业帮扶做铺垫。小镇进入施工期后,该团队又临时从华润置地增调2位成员加入。

其次,地缘关系整合。初期的6人项目组中,湖南本省人有3位,占比一半,且原先工作地点均在长沙、湘潭一带。他们更容易理解当地村民的心态和真实需求,同时也能有效降低在当地的语言沟通障碍,增进信任关系。这在小镇建设初期的作用十分重要,但往往容易被忽视。

再次,年龄结构整合。为便于项目开展,同时培养和历练年轻员工,为企业培养储备人才,项目组主要以80后为主,但同时适当注意年龄搭配。例如,初期的6人团队中,5人为80后(2人为85后),1人为1975年生。5位80后均未婚,事业心强、能吃苦,但工作经验尚不足,1位70后已婚,性格更沉稳,工作经验也更丰富。这样的年龄结构整合对项目的顺利运行十分有效。尤其在项目初期,需要注重建立团结的团队内部关系,强调与地方上下级政府、设计团队、广大村民的有效沟通,从而理顺关系、建立信任,这一阶段,70后的这位"老大哥"起到了积极的作用。

2）地方政府

为保障小镇建设的顺利推进,地方政府组织成立了华润希望小镇建设管理委员会(以下简称管委会)。管委会正、副主任分别由韶山乡人大主席、两位副乡长兼任。管委会委员共16人,分别来自于韶山乡党委指派、两村支委成员兼任、村民推选。

需要注意的是,管委会仅为乡级机构,但小镇建设将牵涉到规划局、建设居、交通局、水利局、电力局、教育局、卫生局、农业局、土管局、房管局等十多个市级行政部门,且工程期间的资料查询、规划设计方案报批审核,以及专业的基础设施管网设计等工作较为繁杂。为加强管委会的行政能量,由韶山市统战部、韶山市政府办成员各1名,分别兼任管委会的顾问和特邀观察员,必要时为管委会提供与市级各行政部门的对接便利。

仔细观察可以发现,管委会成员中特别加入了韶光村、铁皮村的村委干部。他们本不属于地方政府行政人员,但他们的加入有利于小镇建设基层工作的展开。这主要有两个原因:一是地方政府,特别是乡镇府与村委之间在人事、经济上存在一定程度的关联,村委目前依然一定程度上扮演者乡政府的派出机构角色,两者之间具有相当的沟通和互动基础;二是村干部由村民选举产生,与村民有紧密联系。因此,为进一步紧密联系群众、加强小镇建设控制力,由韶山乡政府相关人员组成的管委会,亦应将其村干部考虑在内。

3）村民团体、设计单位

村民团体内部架构延续当前基层政权的展开方式,依然保持村委干部、村民小组组长、村民的三层架构关系。小镇建设以村干部为核心,村民小组长为骨干,村民为基础。其中村干部同时兼任进入地方政府组建的华润希望小镇建设管理委员会,作为承上启下的中坚力量。

　　小镇规划设计采取了方案与施工图分离的方式。浙江大学设计团队主要由教授工作室组成,负责规划设计方案。但是,设计团队本身并不具有施工图设计资质,此外,湖南省当地的建筑设计规范要求和构造做法可能存在细节上的地方要求。因此,由华润出面邀请湖南省建筑设计研究院作为设计工作的配合单位,辅助完成小镇建筑和景观等施工图。这种强强联合的方式,能够充分发挥单位自身优势,提高工作效率和设计质量。

6.1.2　内部的六对合作关系

　　四方面参与团体,构成了六对合作关系(图6.2)。虽然每一条关系在共同体的运作过程中都十分重要,但是其中最核心的是与华润集团相关的三对关系。这是因为华润集团作为本次乡村建设试验的主要出资方、发起人和号召者,必然扮演着一个综合协调者的角色,其本身不仅需要直接与其他三方紧密合作,而且还要通过这种紧密合作去影响其他三方之间的合作关系,以统筹安排、综合调度小镇建设。

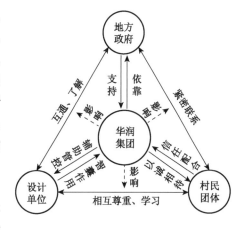

图6.2　共同体的合作关系
(资料来源:自绘)

　　1)以华润为核心的三对关系

　　华润集团作为乡村更新共同体的核心,需要将其他的三个参与方紧密地团结和融合,因而必须谨慎处理好与之有关的三对双边关系。

　　首先,华润方面应依靠政府,但绝非依赖政府,政府更多的是作为配角给予华润必要的辅助支持。这是所有双边关系中最为关键的。地方政府作为庞大的科层机构,具有很强的执行力,在国家治理体系中长期处于主导地位。可以说,任何重要建设活动,尤其是涉及群众面较广的乡村建设,离开政府支持将难以顺利开展。例如,小镇建设中所涉及的个别企业搬迁、公共建筑用地征用及农宅更新中的规章法令制定和执行等,这些方面华润必须依靠政府作为主导。但是,政府自身也存在角色、工作方式、人员数量上的限制,更多的具体工作内容必须由华润亲自全面介入,政府以配合为主、点到为止,例如,政府可以利用行政优势在建设初期动员村民响应,但是后续与村民的持续沟通、全面深入调研等不可能由政府包办。

　　其次,华润方面对村民的关系应是以诚相待,反过来村民对华润应保持充分的信任配合。由村干部和村民组成的村民团体,是华润集团开展乡村建设试验的最终惠及对象。因此,华润集团以诚信的心态、言行与村民建立信任与团结的良性互动,引导其认同、响应和配合小镇建设,是项目顺利进行的基础。

　　再次,华润方面应积极辅助和管控设计单位的具体工作。同时设计单位应充分发挥智囊作用,既要提出合理方案和建议,也要敢于否定华润方面的不恰当想法。小镇建设的规模庞大,设计工作量可观,因此设计团队时常会遇到人手和时间不足的问题,这就需要华润驻村项目组辅助处理一部分基础信息收集、反馈工作。同时,华润也要对小镇建设各阶段的进度、效果、成本等进行有效控制,这就需要设计单位提供充分和及时的智力支持。

2)其他三对关系

其他三对关系源自设计人员、村民与政府三方。

设计人员之于村民的关系是相互尊重、学习。虽然小镇居民以留守人员为主,文化层次不高,但是他们对当地状况十分熟悉,而且有自己的生活风俗与习惯。因此,设计师应仿效哈桑·法赛、萨缪尔·莫克比等平民建筑师,始终持有平民意识。应放下城市中带来的成见,尊重村民和他们的生活方式,甚至需要相当长时间地持续观察村民日常生活行为,特别是他们对公共空间和住宅空间的使用方式,存在的现实问题和潜在需求。应学习和了解当地的乡土建造传统,特别需要熟悉其中的偏好和忌讳。在此基础上,给出恰当的设计理念,合理引导村民,或邀请其参与农宅更新方案的设计过程。

设计人员与地方政府(特别是政府领导)之间,应该增进互通和了解。小镇建设周期长、涉及面广,而且小镇并非孤立发展,而是融合于韶山市整体发展的框架下。因此,设计人员需要深入了解地方经济、社会发展背景,以及地方政府在处理政务、推进城乡建设时的流程和特点。例如,试验开展期间,韶山市政府就专门邀请设计团队的代表成员进驻政府挂职锻炼,列席市政府常务会议,政府领导也同设计团队所在单位进行了友好互访,增进友谊。

组成小镇的韶光村、铁皮村近年来一直处于自治状态,地方政府较少直接介入和影响村民日常生活。小镇建设作为惠民的试验项目,使得地方政府与村民之间联系更加紧密。这种紧密有双重含义,一方面政府适时通过合理的行政方式动员村民支持和参与建设;另一方面,地方政府作为当地群众的利益代言人,为小镇村民甚至是周边村落的村民尽量争取更多的扶持内容。

上述六对关系,形成了稳固、坚实的共同体合作方式,是顺利开展小镇建设的根本保证。

6.2　主要工作内容与方式

6.2.1　长期驻村沟通

韶山试验的选址主要是由华润集团与地方政府共同协商决定,并非由韶光、铁皮两村主动邀请,因此村民团体对此次试验的认可、接纳的进度和程度不尽相同。

一方面,两村干部一直迫切希望得到政府和社会各界的建设支持,从项目筹备阶段就积极主动配合,韶光村村委甚至自筹资金前往发达地区考察乡村建设。但另一方面,以留守人员为主的当地村民对该项目一开始主要是被动式接受,而且响应程度差异很大,一部分村民欣然表示支持,但更多的村民心存怀疑,持观望态度。有的甚至一味反对。村民群体的这些心理状况,虽然随着小镇建设开展大为好转,但始终存在一定比例的负面情况,导致局部村民群体的心理反复。究其原因是村民对本次乡村建设试验的目的、背景不了解,即便了解也难以完全信任。村民的这些心态并非毫无道理,甚至值得同情与理解。前些年全国各地强拆强占农民房屋土地事件频发,严重损害政府和企业形象,因此小镇不少村民非常怀疑华润集团与地方政府以支持乡村建设为名,暗地窃取原本属于村民的更大利益。

村民群体的疑惧心理,是小镇建设的障碍,因此以华润集团为主,包括地方政府、设计单位在内的人员,必须长期驻村与村民开展交流沟通,争取民众理解与支持。

驻村沟通方式有多种,需要适时配合进行。①由管委会通过行政动员方式,定期召开村民大会,有针对性地安排由华润驻地项目组宣传小镇建设初衷、理念,设计团队代表讲解规划设计思路、方案,管委会领导解读小镇建设相关政策规定。大会沟通方式在项目初期、过程中的关键时间节点尤为重要。②以华润项目组为主,协同管委会成员和设计人员,分片区定期入组入户走访、交流,听取村民意见和建议,其中应特别重视与村民小组组长的沟通,他们是直接联系农户并对之产生较大影响的最基层节点。③在小镇重要位置有选择地悬挂条幅、展板,或书写温馨标语,营造气氛。④在当地重大节庆日,由华润集团赞助、地方政府举办民俗联欢会。例如,2011年元宵节,华润项目组、管委会联合村民举办了简朴而隆重的新春喜乐会,表演湖南传统的花鼓戏、舞龙舞凤,举办猜灯谜、知识问答等活动,并巧妙地将华润集团文化与小镇建设理念融入其中。这场当地多年未有的大型文娱活动,获得村民高度认可和积极参与,无形中进一步加强了共同体的凝聚力。(图6.3~图6.6)

图6.3 村民会议
(资料来源:华润集团)

图6.4 入户走访
(资料来源:华润集团)

图6.5 展板宣传
(资料来源:华润集团)

图6.6 联欢会
(资料来源:华润集团)

细致而经常不断的驻村交流沟通工作贯穿了小镇建设始终，是深度调研、规划设计、建设推进等内容顺利进行的重要铺垫。

6.2.2 深度调研

深度调研是为应对小镇更新的庞杂内容而开展的，特别是以改造为主的农宅更新，涉及数百户家庭。由于各家各户的现状、需求不尽相同，甚至潜藏着不少土地、房屋所有权等方面的历史遗留问题，尽可能全面地掌握这些信息，有利于规划设计与建设。

深度调研的开展，是一个长期过程。它大致可以分为初步调研与细致调研两个阶段。首先，初步调研是在项目初期进行，以设计团队为主，华润项目组、小镇建设管委会、村民团体配合，时间跨度约1周。主要针对小镇人居环境的整体现状以及农户意愿进行调研（图6.7）。其次，细致调研是在初步调研结束，设计团队主要成员回原单位开始进入工作状态后进行，以华润项目组、管委会为主，设计团队驻地代表为辅，村民团体配合，约1~2个月。主要针对每一户家庭和住房信息进行细致调研。前者内容包括家庭成员、经济收入、土地、种养殖、燃料类型、饮水、家庭重要财产、居住需求等；后者包括宅基地、院落、建筑面积、建筑质量、农宅组成等。

在成果上，初步调研主要是以照片、分析图表和数据为主（表6.1），意在宏观上掌握基地概况，以形成村域整合思路、公共建筑设计概念、民居意象等。细致调研的成果主要是实现570户农宅的CAD图纸定位、图像采集、农宅和家庭信息，四位一体的整套数据库（图6.8），为农宅更新的具体实施奠定扎实基础。

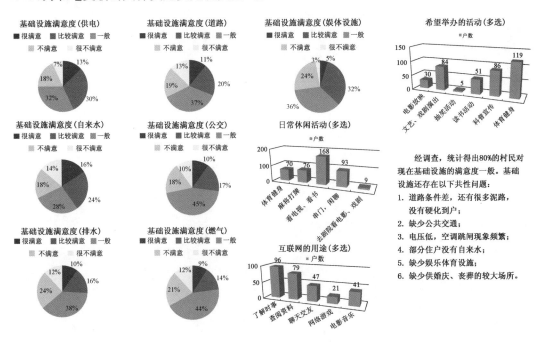

图6.7 基础设施满意度调研

（资料来源：项目组）

表6.1　初步调研成果

	统计表格												图表	分析说明

建筑质量评估

	福星、深公组36	彭家组34	光明组14	铁皮组14	毛家组34	谢家组18	周家组37	光辉组25	新村组43	总计279	百分比
A	1	0	0	3	0	0	0	0	1	5	1.79%
B	14	8	36	9	26	17	32	19	31	192	68.82%
C	2	0	1	2	1	0	2	2	4	14	5.02%
D	4	7	1	0	5	1	1	3	8	30	10.75%
AB	1	0	0	0	0	0	0	0	0	1	0.36%
BD	14	19	0	0	2	0	0	0	0	37	13.26%

建筑质量评估
■A ■B ■C ■D ■AB ■BD

13.26%　1.79%
0.36%
10.75%
5.02%
68.82%

分析说明

建筑质量评估：

综合前面的调查数据与现状，我们对每一栋民宅作出了质量评估建议，分别是：A.原样保留、B.外观整治、C.主体修缮、D.危房拆除。

统计结果显示，需要外观整治的占据了68.82%，需要进行结构性修缮的占据了5.02%，有10.75%的危房需要彻底拆除，基本上是一些受损比较严重的土房子。另外，也有13.26%的是新旧混合的房子，其中新房子需要外观整治，而老房子需要拆除。这些质量调查统计为后续的农居改造提供了现实依据。

建筑质量分类图示

A. 建筑质量以及外观完好无需整治，原样保留（主要是2000年以后修建的少量新房）

B. 建筑结构质量完好，外观需整治
B—1，部分建于1990—2000年的农宅主体结构和使用状况良好，有一些不太合适或者格调低俗的元素。需要协调整体风格进行外观整治

B—2，部分建于1990年代初的农宅，主体结构和使用状况良好，外观渐显陈旧，需结合整体风格统一外观整治

B—3，少量建于1980年代的红砖房，仍可正常使用，除少量质量优良的清砖建筑，其余均需结合整体风格统一外观整治

B—4，少量质量上乘的，至今仍正常使用的生土房子，稍作修缮，作为地方建筑文化特色保留

C. 建筑主体需修缮
C—1，少量1980年代以后所建房屋，局部主体构件（墙体、屋面）受损，如要继续使用，需进行整体修缮工作

C—2，少量土房子，局部墙体或者屋架受损，可结合住户意愿加固修复，体现地域建筑文化特色

D. 需要拆除的危房
主要是少量残破、无人居住的土房子

（资料来源：项目组）

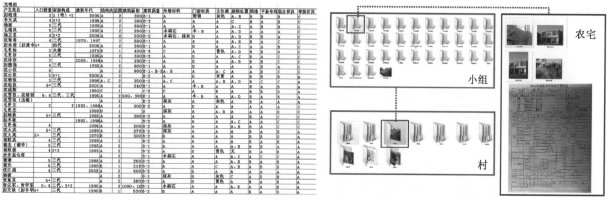

图6.8　四位一体的数据库

（资料来源：华润及项目组）

6.2.3　协同设计

共同体成员的协同设计是凝聚力量智慧、均衡各方诉求、实现良好建成效果的保证。协同设计的内容包括村域整合、公共建筑营造、农宅更新三大方面。

其中,前两者由于村民素质偏低、组织离散,特别是与村民家庭生活直接关联度有限等因素,村民协同参与相对较低。协同设计更多是以设计师为核心,以华润集团、地方政府、村干部为辅助。这与现代建造模式中的合作关系更加接近。设计师负责方案,其他各方主要负责设计进度和预算成本管控,组织协调设计方案讨论、评审,及部分基础资料收集等。

农宅更新中,村民参与明显加强,更能体现协同设计的特点,也更贴近乡土建造模式中工匠与业主之间的传统合作方式。但其设计过程有两方面需要特别注意。

首先,设计师与村民需要以"互为主体"①的关系开展协同设计。这种双向的主体关系是基于村民与设计师之间的价值观差异所构建。因为这两者由于生活和成长背景不同,对于乡村生活和农宅建造有着各自的定义,特别是面对今日乡村的留守人群,这种价格观差异更加明显。因此,设计师应以乡土为标准,将自己专业知识藏到背后,尽量以农民的视角设计农宅。但习惯上,设计师的理想主义情节总是驱使其将创作理念贯穿于农宅设计的整体中,而村民们的某些固执可能在局部打碎这种整体性,这时设计师必须学会理解与尊重,提供其他替补的可能性。例如,最初的农宅院墙设计方案中,有两种以当地生产的廉价水泥砖为主(图6.9),设计师通过一些构造样式设计认为是可以接受的,但大部分村民认为这是猪圈、杂房等临时建筑所用,予以抵制,因而采用其他备选方案。

图6.9　两组水泥砖院墙方案

(资料来源:项目组)

其次,农宅更新协同设计的效果具有时效性,农宅永远处于"未完成"状态。农宅更新的最初效果可能比较符合理想,但是设计建造队伍撤离后,随时间推移,农户很可能根据新的需求自发改造原设计成果(图6.10,图6.11)。这是必须要被接受的事实。因此,一方面,农宅改造设计的重点应是农宅形制、现代功能等对农户生活方式和品质有切实提升的更新内容,而农宅建筑形式更新虽然重要,但应在次要地位。这与公共建筑营造中十分重视建筑形式设计,存在轻重关系差别。另一方面,设计师应会同农户,对将来可能的改造倾向(如增加房间、扩张院子等)提供一些预设方案,指导农户尽量减小因未来改造而造成的农宅风貌受损。

---

① 聂晨. 复杂适应与互为主体——谢英俊家屋体系的重建经验[J]. 时代建筑,2009(01):78-81.

图 6.10　H 家改造更新初期效果(2011 年)　　图 6.11　H 家 3 年以后自行改造效果(2014 年)

(资料来源:自摄)

6.2.4　推进建设

1) 总分兼顾——工程承揽方式

小镇工程合同可分为建设性、非建设性两大类。合同均由韶山地方政府作为甲方签署。非建设性合同包括设计咨询、工程监理、投标代理,前者由华润基金会推荐,以委托方式由浙江大学建筑工程学院承担,后两者由地方委托和招标。建设性合同包含小镇的所有施工建造内容,经由华润基金会与地方政府协商,以委托方式由华润置地总公司下属的华润建筑公司作为总承包,工程子项目由该公司负责进行分包和合同签署。

建设性合同,分为备案、不需备案两大类。第一类,备案合同,包括社区服务中心、卫生院、小学、幼儿园、市政管网、园林等,总造价约 6 500 万元。这些项目由作为小镇工程总承包方的华润建筑出面与一家具备总包资质的施工企业(中铁第十九局集团某公司)签订承包合同,由其负责现场施工或分包合同签署。第二类,不需备案合同,包括村内道路、环境整治、农宅更新及附属工程,总造价约 5 500 万元。除村内道路工程可由华润建筑再行分包外,均由一家具备总包资质的施工企业承包(中铁第十九局集团某公司),由其安排施工及现场合同签订。

这里特别需要解释一点:为何作为总包单位的华润建筑,要把村内道路工程再行分包?这是因为村民等当地小团体对工程承包有一定诉求。因此,华润建筑特意允许将村内道路按区域、路段、建设条件给予了分类,将一些次要道路,特别是施工过程中可能因牵涉到村民复杂利益而引发纠纷的路段,酌情交当地村民施工队修建。这样做的目的有两个:①当地人自行承担小镇道路建设,建设过程自然受到小镇居民监督,工程质量较有保证;②希望村民获得分包合同利益之后,令乡村更新共同体的基层部分更加牢固,从而积极配合小镇建设。

2) 自助建造——村民参与建设

小镇建设过程吸收了不少当地富余劳动力,这有两方面的好处。第一,增加当地收入,增强小镇内部凝聚力。小镇有不少村民年纪偏大,已不适合外出打工,但依然有一定的体能。他们长期在家务农,非农忙时节里,成为富余劳动力。因而他们中的一些人主动要求为家乡建设出力,同时获取劳务收入。另一方面,减轻施工企业成本。外来的工程承包企业,其施工人员均非本地人,企业要为他们提供食宿、工资、保险等综合待遇,总成本较高,而捐赠性质较强的小镇建设,施工企业利润率又相对较低,因此吸收本地富余劳动力可以降低企业开销。

特别在农宅更新工程中,作为乡村更新共同体的主体,许多村民积极参与到自家或邻家住房的新建或改建中,并由企业按工时或工作量支付其劳务费。同时,因建造内容直接影响到自己的住房质量,村民们的工作更加认真负责,不仅节约了企业的综合劳务支出,也有效降低了工程监督成本。

3) 由点到面——农宅改造推进

小镇农宅更新应以韶光村为始,由点到面地分阶段、分区快、分内容推进。主要有四方面原因:一是小镇近 600 户农宅改造,量大面广,不可能同时全面铺开,这是最现实的问题。二是韶光、铁皮两村建设条件不同。韶光村不仅集中了大部分的公共建筑,而且村域开阔,施工进场较为方便,建设效果也将最直接展现;而铁皮村农宅大部分均位于鱼骨状的山冲内部,地势较高,施工进场难度大,因而宜置后开展。三是面对农宅建筑形式紊乱的现状,无论是华润集团、设计团队,还是地方政府、村民团体,大家心里都没把握。因此,最佳方式是从一个小的片区开始尝试,不仅是为了"试对",也是为了"试错",在修正中完善设计思路和方法。四是村民对农宅更新的响应步调不一致。有些属于"积极型",早早就把需农户出资的款项汇入资金共管账户并签署改造协议。有些属于"缓释型",这部分人比较谨慎、随大流,行动主要受邻居和周边气氛影响。还有极个别属于"抗拒型",这种类型的农户,出于自身各种利益的考虑,一般要到小镇改造工程的中后期才会有所变化,也有个别农户坚持不参加农宅改造更新,共同体各方对此也予以理解和宽容。

整个农宅更新的"起点"是韶光村新村组的李氏三兄弟。因为三户家庭是兄弟关系,更新过程中容易与之协调,而且三户距离社区服务中心最近,是最显眼的一个小组团,有潜力为小镇农宅更新树立典范。

这三户改造完成,总结得失和经验后。农宅更新工作就向周边的 6 户(胡 LW、毛 XL、刘 CK、胡 LM、胡 SH、胡 SM)拓展,其中有改造也有新建,类型覆盖较全,连同李氏兄弟,形成一个有一定规模的完整组团。此后,农宅更新在韶光村境内,向北(谢家、毛家、铁皮三个组)、向南(光辉、光明、周家三个组)两翼拓展,再渗透到东侧(福新、深公、彭家三个组)。完成韶光村片区后,农宅更新向西进入铁皮村,并从最直接影响视觉景观的南环线两侧开始,逐渐向南北延伸进入各个"山冲"内部。

4) 特事特办——特殊情况处置

(1) 特殊时段

农业是当地核心产业,因而小镇施工建设应尽量避免耽误农业生产。

首先,春夏耕种时节施工可能会影响农田水利灌溉。例如,从春耕到立秋,当地农业生产对引水灌溉十分依赖。而社区服务中心选址下方有一条涵管,自韶光村谢家组的白毛水库引水,穿越南环线进入韶光村,是该村腹地农田的重要灌溉水源。因此,社区服务中心的建筑底部,需要建造较大跨度承台避开涵管,整个工期维持数月,可能会阻断水源。为保证农业生产,该建筑直到 2011 年 8 月下旬才正式施工。

其次,秋收季节施工可能会影响粮食收割。每年深秋,当地农民晚稻收割、脱粒后,需要大量场地进行晾晒,甚至一些道路将不得不被占用,因此晾晒谷粒这几天,应适当降低施工强度,控制施工车辆进出。

（2）特殊个体

"由点到面"地循序推行农宅改造是普遍性原则,但过程中往往会遇到一些特殊个体,需要根据实际情况灵活处理。

① 着急开业和超标建造的乡村酒店

铁皮村彭家兄弟,将宅基地合并,准备开办一家乡村酒店。该建筑的建造时序、规模比较特殊。

小镇项目启动前,该酒店主体结构工程已近完工。为协调小镇建筑风貌,须更换酒店原外装修方案。按小镇施工时序安排,铁皮村农宅改造靠后进行。为了不影响酒店开业,由彭家向小镇建设管委会提出申请,由华润项目组协调浙江大学设计团队,为其单独提前做了外装修调整方案（图 6.12）。

图 6.12　铁皮村的乡村酒店
（资料来源:自摄）

实际上,彭家的乡村酒店建造规模在三方面严重超标。一是根据韶山市农居宅基地申请标准,即便最宽松政策条件下（指:仅占用荒山荒地,同时须是独生子女户）,每户最多享受 210 m² 宅基地,但乡村酒店实际规模达到 740 m²。二是韶山农居建设规范条例规定,农宅高度不得超过 3 层,但彭家两兄弟通过将"标高"抬升、坡屋顶加高,额外创造了整层的半地下空间和阁楼间,以增加营业面积。该建筑实际层数 5 层,实用面积近 3 000 m²,成为小镇第一豪宅。三是酒店面阔达 25 m,水泥广场进深超过 30 m,侵占大量耕地,严重影响景观。

② 困难老人危房户

铁皮村楠木组的毛氏老夫妇,是无劳动能力的五保户。建于中华人民共和国成立前的土坯房因年久失修,墙面严重倾斜,成了危房,须提前给予优惠建房安置（标准较低,单层三开间砖房）。但在建房过程中,由于楠木组处于山冲深处,农宅更新监理力度不足,老两口年老体弱也不懂得亲自把关,建造存在偷工减料现象,如墙体砖砌块间的水泥砂浆用量过少,仅在外表面附近填充,内部空隙很多,致使砌块黏结度不足,存在安全隐患（图 6.13）。

图 6.13　危房重建的偷工减料现象
（资料来源:自摄）

　　5）相对平衡——时间与进度、工作与生活、制度与变通

　　（1）时间与进度

　　小镇建设范围大、农户多、情况复杂，切忌急功近利地搞所谓形象工程，应脚踏实地稳妥推进。在项目前期，宁可牺牲进度，也要多花时间把准备工作做足。从2010年10月底到2011年8月初，小镇建设一直未正式动工，这不仅是为了避免影响局部时间段的重要农业生产内容，更是为了理顺各方面的关系，同时反复慎重考量规划设计方案。磨刀不误砍柴工，这为后期建设工作的顺利开展奠定了扎实基础。

　　作为"乡村建造共同体"的核心，华润集团在项目前期准备工作方面，重点理顺两类关系。一是华润集团与地方政府、村干部之间的工作关系，这是关键。要明确双方各自应该承担的责任和义务，并以正式文件形式进行确认。这一过程必然需要多个回合的商议，耗时较长。二是华润集团与村民之间的关系，这是小镇建设的基础。华润集团要充分调查和了解村民生产生活和居住状况，同时让村民逐渐熟悉和接受华润集团的理念，获得他们的信任与配合。这是一个更为漫长和复杂的过程。

　　（2）工作与生活

　　华润项目组的那些年轻人，受命驻守小镇数年，在工作和生活之间，只能更多偏向于前者。选择年轻人，或许是华润集团的特殊考量，既是因为他们更能承受生活受到挤压的状态，也是出于历练培养企业后备人才的目的。

　　长期驻村工作的前提是解决好后勤问题。华润集团为驻村员工精心提供了较好的生活或工作环境，配备了专门办公地点、宿舍，以及全套基本生活用品、对口食堂、轿车和越野车。

　　工作难以定时，这是小镇建设驻村工作的最大特点。一方面是因为平日有些村民白天要去农田、城里干活，可以与村民沟通的时间十分有限，不得不选择晚上与周末进行。另一方面，华润集团相关领导和工作人员、设计单位部分人员，时常不定期赶赴小镇踏勘或开现场会议，筹备工作繁杂，且随时需要应对变化。

　　驻村工作人员的收入需要得到华润集团的可靠保证。各人薪资依然须由各自原先所在的集团企业支付，在保持薪资基本稳定的基础上，每人可获得一定额度的差旅补贴（100元/天），并享受两个月一次的带薪探亲长假期。这些措施有效地缓解了长期驻村工作的经济和家庭压力。

　　（3）制度与变通

　　中国社会的"人情世故"源远流长，这在小镇工程的不少方面也能深刻反映。为了保证项目顺利圆满完成，在经费制度上华润集团采取了适度灵活的方式。小镇建设面对的主体是农民，而且由于年轻人的大量外出，实际主体为50岁以上的群体。这一群体的文化教育层次普遍较低，思想和行为方式相对"传统"。因此，要与他们进行沟通与合作，就必须顺应他们的特点。有时遇到群众工作难做的情况，驻地项目组会同管委会召集相关村干部、村民开会一起商量。大部分情况双方互相理解支持，就能把事情推进下去。但在个别情况下，正式的商量收效甚微，那么就只得在其他非正式场合打开局面。这就免不了涉及一些招待经费问题，在这方面，华润集团的经费制度给予了有限的许可。

6) 共担共管——资金的来源和利用方式

小镇建设实际成本近 1.3 亿,其中华润慈善基金会捐助约 1 亿,政府和当地农户共同承担剩余部分。三方并资,账户共管。由基金会和当地政府共同在银行开设共管账户,具体财务工作由华润驻村项目组负责,但所有资金进出,均须双方确认。

基金会与政府共同负责全部的公共设施建设及环境改造费用,农户负担部分农宅改造成本。农房新建或改造工程中,主体建设(含门窗)农户负担比例为 50%(按规定农宅新建最高补贴 8 万、改造最高补贴 4 万),外立面整修农户负担比例为 30%。沼气池建设、给排水介入等,农户仅需负担人工费用。

7) 发挥特长——管委会的坚实作用

管委会作为地方政府介入小镇建设的实权组织,发挥着重要的作用。

首先是征地相关工作。小镇项目涉及部分集体用地的征用(社区服务中心、小学、幼儿园、卫生院等)和个别污染企业的搬迁(采石场、预制水泥板场),这些会改变当地既得经济利益格局的事务,华润集团作为"外来户",若草率出面,很可能陷入复杂的纠葛。因此,华润集团需要地方政府承担相关工作和费用,具体由管委会执行。这有两个好处:第一,征地和搬迁工作的执行者是管委会,该委员会成员既有乡镇领导又有两村干部,他们对土地归属情况十分熟悉,甚至经办过相关企业当初的入驻手续,由他们出面能规避许多潜在障碍;第二,由政府承担征地费用所形成的约束和压力,自然地传递到管委会成员干部身上,他们既能维护当地村民和企业的合理赔偿利益,同时也能压制其过度要求。

其次是政策制定。小镇农宅更新量大面广、内部关系复杂,需要给出具有行政效力的政策规则,例如农居新(扩)建的资格条件、宅基地申请、农宅改造申请等。管委会与华润集团协同制定相关规定,并由管委会颁布生效。再就是管理农宅更新。农宅改造过程中,曾经出现农户擅自超标改造等现象,管委会拥有行政执行授权,可以出面干涉制止。此外,管委会在组织农户筹资,协调解决阻碍项目建设的各种矛盾和问题,保证工程建设的良好环境和秩序等方面也起到了积极和不可替代的作用。

6.3 "溢出效应":推动基地经济社会发展

溢出效应(Spillover Effect)是指某项活动在开展的过程中不仅会产生活动所预期的效果,而且会对其他相关的人或社会产生的影响。"乡村更新共同体"的长期运行,逐渐凝聚了本来十分涣散的基地乡村组织状态,使得村民团体内部之间的交流、沟通大幅增加,而且通过各种会议、活动增进了村民之间的对于家园的认同和共识。在此基础上,组建村民经济合作组织以推动村民增收、改善乡村经济,进而引导村民自治组织同村民经济合作组织相互耦合,以促进基地社会治理的改善,就变得更加容易。因此可以这样认为,"乡村更新共同体"是从人居环境有机更新的实际需求中产生,但却额外地推动了基地乡村经济社会的发展,一举多得。

6.3.1　产业帮扶的初步实践

1) 厘清基地产业经济现状问题

基地村民和村集体目前收入有限、增收乏力的问题由来已久。这是困扰基地乃至全国乡村的根本问题,也是城乡差距过大的核心表现之一,更是导致乡村劳动力过量流失、社会衰落的幕后推手。究其根源,主要有三方面:一是产业模式落后,死守传统小农经济模式,缺乏市场话语权与定价权;二是农业产品缺乏差异优势,易陷入低价竞争困境;三是产业结构单一,未能整合利用现有条件优势,将农业与其他产业(特别是第三产业)融合,以实现多渠道增收。其中,第一项原因是导致基地乃至全国乡村产业经济现状困境的最关键因素。以下详细解释。

第一个原因,死守传统小农经济的落后模式。小农经济难有出路,主要有两方面因素决定。首先是家庭生产规模小、单位生产成本却不断增加。2011 年全国家庭承包经营耕地规模平均仅为 5.58 亩[①],而小镇户均耕地规模甚至不足 3 亩,严重制约了家庭务农收益。而且,由于国内通货膨胀、劳动力价格攀升等原因,务农的基础性生产资料和劳动力成本都处在持续上升通道,严重挤压了本来就十分有限的农业利润,例如,韶山市当地零工工资就从2010 年的约 70 元上涨到 2014 年的约 110 元。另外,笔者从铁皮村一彭姓农民处了解到,当地种植一亩晚稻的非人工成本为:机械犁地 150 元,机械收割 150 元,种子、农药、复合肥400~500 元。按照亩产 1 000 斤稻谷,收购价格 1.2 元/斤计算,每亩晚稻收益不到 500 元,若计入人工成本,则处于亏本状态。其次就是话语权缺失,被中间渠道过度攫取利益。农村家庭联产承包责任制改革后,"承包"重于"联产",实际上农民又回到了延续数千年的小农经济状况。在市场经济条件下,这必然严重削弱农户话语权,特别表现在被具有垄断倾向的中间渠道控制产品定价权,盘剥利润。话语权的缺失是小农经济模式的核心症结。

第二个原因,农业产品缺乏差异优势。农产品不同于工业产品,不容易因刺激消费而明显增加总需求,总是呈现一种相对饱和状态,"收入弹性"[②]较低。因此,如果不能产生明显差异优势,农产品只能以低价竞争。而小镇农民生产的农产品恰恰一贯以来在品种和品质上无法与市场拉开差距,易陷入低价竞争的困境。这种低价竞争是由我国一般性农产品的低价惯性所决定。具体有三个阶段的连续作用产生。第一阶段,中华人民共和国成立后,为优先发展重工业,长期施行工农业产品价格剪刀差,窃取农业利益补贴工业,使得农产品价格一直处于低位。第二阶段,1980 年代开始,国家逐步建立市场经济体系,但全社会商品价格体系依然建立在低位农产品价格基础之上。因此,农产品整体价格水平的上涨幅度和速度必然严格受控,否则其价格波动将在二、三产业内迅速传导和放大,严重影响整体国民经济正常运行。第三阶段,2001 年,加入 WTO 后,受西方操控定价权的粮油等国际大宗农产品,以超大规模机械化生产成本低和发达国家农业补贴额度高等综合因素创造的价格优势,持续压制国内相关农产品价格上涨的空间。

---

① 数据来源:根据农业部《2011 年乡村土地承包经营及管理情况》相关数据计算.
② 林毅夫. 解决三农问题的关键在于发展农村教育、转移农村人口[J]. 职业技术教育,2004(09):31-35.

第三个原因,产业结构单一,整合能力差。农业是国民经济的基础,这决定了其有限的利润水平。因此,如果要明显增加收入,必须想方设法将其他产业,特别是服务行业配入。但小镇居民中,除少数几户人家侵占南环路沿线无序开设低档小酒店外,便无其他更多更好的产业整合方式。

2)基地条件优势分析

产业帮扶的最终目标是通过建立新型城乡交换,增加当地村民及集体收入。目前,小镇具备了这方面的潜在条件。

首先,韶山市位于长沙、株洲、湘潭三城组成的城市群范围内,彼此距离不超过50 km(图 6.14)。2013 年总人口 1 500 万,GDP 超 1 万亿元。保守估计,城镇中产阶层人群至少有 300 万。他们对健康安全农产品及优美而现代的乡村人居环境有巨大的潜在需求和消费能力。其次,从长株潭任何一地进入韶山市的车程仅需 1 小时左右。网络通讯设施已覆盖当地,可以实现信息资讯无缝链接。再次,基地拥有良好的自然生态环境,有条件生产品质优异的农产品,同时,更新后的基地将实现有机秩序、现代功能兼容的人居环境,为中产阶层进入、逗留和消费奠定坚实基础。

3)产业帮扶方式

基地具备了建立新型城乡交换的基础,因此为改变当前小镇产业模式落后、农产品缺乏差异优势、产业结构单一的现状问题,产业帮扶应着重依托"乡村更新共同体"的

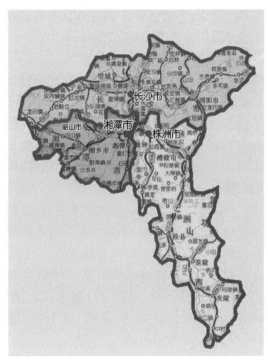

图 6.14　长株潭城市

(资料来源:Baidu 百科)

凝聚力来改革当地传统的小农经济,提升农产品差异优势,以及通过开发新的服务型产品来融合第三产业。其中,前者指向产业模式转型,是新型城乡交换推动当地增收的有力保障和重点内容;后两者指向产品升级,是新型城乡交换的实质内容。

首先,改革当地传统小农经济模式,建立村民合作经济组织,这个组织的实现基础可以从"乡村更新共同体"里转化而来。小镇的农业产品和服务产品转型升级,难以在传统小农经济模式下实现农民增收明显,这是由该模式的分散性、小规模、个体化等内生特征所决定的。因此,产品升级转型必须要靠新的乡村经济模式,将原先离散的农户和资源整合起来,形成具有规模优势、组织优势的村民合作经济组织,以新集体的力量介入外部市场经济环境,才有可能令当地农民获得较大增收。这方面可以借鉴日本与韩国的农业协会运作经验,将小镇的村民合作经济组织朝平台化方向发展,将其逐步打造成属于当地农民生产、生活的资讯库,生产资料提供、产品销售的渠道,甚至是农户融资、政府补贴、税收优惠的金融财政

服务窗口。

其次,增加农产品差异优势的关键是抓住农产品需求趋势,以长株潭城市群的大量城镇中产阶层为主要产品输出对象,先从改变一部分种植内容开始,逐步向价格和利润更高的绿色或有机农产品转型,在过程中摸索市场规律、积累客户群体,根据发展状况灵活扩大规模。

再次,开发新的服务型产品,融合新产业,同样是以长株潭城市群的中产阶层为主,以及一部分赴韶山市旅行的游客群体为潜在客户,充分利用小镇人居环境的综合优势,吸引他们进入小镇游赏、消费。需要指出,这部分新的服务型产品开发转型,与农产品生产转型相比,其投入更大、见效更慢、不确定性也更高。因此,在初期应作为农产品转型的补充角色,以点式或小范围试验为妥,切忌盲目。

4)产业帮扶具体措施

基地产业帮扶以小农模式向村民经济合作模式的转型为保障,然后才能在此基础上进行农产品和服务产品的升级。因此,在"乡村更新共同体"运行1周年后,以华润集团为核心,辅助村民组建了"润农"农民专业合作总社。该合作社由华润五丰行注资(占比51%)和村民现金入股方式组建。经营盈余分红按6:2:2分配,即:60%分配给股东,其中华润五丰行所占股份获得的分红可用于合作社的再发展和基地公益事业;20%提留作为社员增加的公积金,用于发展、扩大再生产;20%提留作为基地管理费用。

村民加入合作社后,收入来源主要包括三种形式:作为合作社成员的股本收入;合作社成员在合作社从事生产劳动的工资收入;合作社成员流转土地所获租金收益。自2012年6月建社,两村村民人均收入年均增长13.6%,合作社功不可没。

合作社采取统分结合的生产经营管理方式,下设多个分社,主要进行规模农业、社区支持农业、第三产业联营等尝试(图6.15)。

规模农业首先由合作社按照村民自愿原则将基地农田成片流转进社,把其中一部分地势平坦的耕地作为粮食生产基地。充分利用华润集团在市场、品牌、资金、管理、技术等方面的企业资源优势,通过规模效

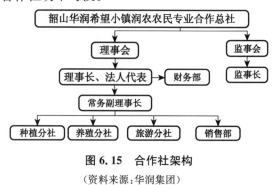

图6.15 合作社架构
(资料来源:华润集团)

应、机械化种植方式,严格控制生产成本和产品质量等级。产品由合作社出面与华润万家连锁超市洽谈,以提高议价能力,并依托其销售网点进行渠道销售。2014年秋收的黄华占糙米和粳米零售价格分别达到了34元/公斤、22元/公斤,利润可观。(图6.16)

社区支持农业(Community Support Agriculture,简称CSA农业),起源于西方,是乡村农产品按照约定要求与标准种植后直供城镇用户的一种现代农业模式。合作社CSA农业于2014年7月正式启动,主要生产质高的绿色或有机蔬菜,供应长株潭地区中产阶层客户。该模式首先需要对农民进行种植技能培训,使其适应CSA的高标准种植方式,并在种植过程中全程监控。平均每位农民照顾蔬菜农田约3~4亩。虽然与普通种植方式相比产量下降近50%,但产品平均售价高达约30元/公斤,经济效益显著。但是,CSA农产品采用

图6.16　合作社农业基地

（资料来源：华润）

的直销模式,客户信任度和群体的培养需要相当时间,而且蔬菜贮存期十分有限,出货方式也不如网点渠道销售稳定快捷,因此该模式需要长期培育。

第三产业联营,是依托基地地道的合作社农产品、优质的人居环境,特别是结合现代休闲观光农业带,为游客提供餐饮和休闲服务。目前有农家乐和民宿试点各一家(图6.17,图6.18)。基地旅游的品牌效应建立需要一个过程,因此第三产业联营的试验成果目前比较有限,但前景乐观。

图6.17　农家风味馆　　　　　　　　**图6.18　小镇民宿标准间**

（资料来源：自摄）　　　　　　　　　　（资料来源：自摄）

产业帮扶的最终理想,是通过推动当地农民明显增收,能够吸引一部分外出的中青年人回乡创业,在自己的家乡过上较为富裕和安逸的生活,促进乡村社会的振兴。

6.3.2　组织重塑的初步实践

1) 基地乡村社会缺乏组织力量的原因

造成基地乡村社会组织原子化现象的直接原因,是村民与村干部关系的严重弱化。但这仅仅是表面现象,其深层原因主要是近百年来社会转型过程中的国家权力结构变化对乡村带来的连续影响。传统社会时期,国家的权力边陲是县,县以下实行宗法自治;民国以后,为应付战争,国家权力逐渐下沉到乡镇;中华人民共和国成立以后,为汲取更多乡村剩余价值,快速推进重工业建设,国家权力强行嵌入至村[①]。1987年中华人民共和国全国人民代表大会通过了《中华人民共和国村民委员会组织法(试行)》,乡村开始进行民主自治的试点与推广,这标志着国家权力边陲又逐渐回收至乡镇一级,国家行政权力主体上退出乡村。但是,经过近百年的国家权力结构嵌入,中国乡村延续两千余年的以儒家意识形态为背景、以士绅阶层为核心的乡村社会自治结构完全瓦解,导致乡村中自给自足经济形态与宗族宗法社会制度的耦合彻底崩溃。而改革开放后,市场化背景下的小农经济与逐渐推行的乡村自治社会之间的耦合又十分薄弱,特别是2006年后,"三提五统"和农业税取消,使得村干部和村民之间的经济纽带基本断裂,加重了乡村经济与社会的分离。因此,重建经济组织与社会组织的耦合,成为基地乡村社会组织重塑的关键。

2)具体措施

基地的乡村社会再组织化,其核心目标是重建经济组织与自治组织的耦合状态。但是此前,小农经济模式在当地依然根深蒂固,并没有实现现代市场经济背景下的村民经济合作组织。因而基地组织重塑正式推进之前,必须以组建和运行合作社为基础,而这正是以增加村民收入为导向的产业帮扶所能实现的。

村民经济合作组织初步建立后,基地组织重塑工作的具体实施大致有四个步骤。①韶山市委组织部长牵头成立工作组;②由韶山市民政、财政两局执行村资产登记和清理;③根据合作社社员与土地状况,讨论两村合并新社区区划和选举方案;④选举社区党政干部。

然而,实际操作中,组织重塑的困难远比想象中要多得多,可谓任重道远。这不仅取决于作为基础的合作社经济体的运行,能否实现长期稳定盈利,能否带动部分中青年劳动力回乡创业,也十分依赖于国家和地方政府推动基层乡村社会组织改革的勇气和魄力。

6.4　本章小结

本章是"韶山试验"乡村人居环境有机更新策略的合作机制部分的详细实践介绍,是第5章(营建方式)的必要补充。本章首先解析了小镇更新过程中"乡村更新共同体"的四方参与者总体架构方式,并详细解释了华润集团、地方政府、村民团体、设计单位四方各自内部的次级架构原则和考量,并以华润集团为核心,分析了四方参与者之间的六对合作关系。然后总结了"乡村更新共同体"的具体工作内容与方式,包括长期驻村沟通、深度调研、协同设计、推进建设四个方面。最后阐述了在共同体运行基础之上产生的"溢出效应"及其初步实践,即通过该共同体的长期磨合,直接推动村民经济合作组织的建立,实现村民和集体增收导向的产业帮扶,进而间接促进基地乡村社会自治组织与该村民经济合作组织的耦合,辅助改善基地的社会治理困境。

---

① 于建嵘.岳村政治:转型期中国乡村政治结构的变迁[M].北京:商务印书馆,2001.

7 结论

通过前面几章的深入分析,在针对"韶山华润希望小镇"的实证研究基础上,以推动乡村经济社会发展为根本导向,基本建构了由理念、策略所组成的乡村人居环境有机更新方法(表 7.1),并从实践角度进一步充分地阐述、归纳和印证。本章将通过对前文研究的总结和提炼,进一步阐明主要结论及其理论与现实意义,并在讨论研究与实践不足的同时,指出未来可能的研究方向。

表 7.1　有机更新方法

	理念	有机秩序修护、现代功能植入	
有机更新方法	策略	营建方式	低度干预(村域)
			本土融合(公共建筑)
			原型调适(农宅)
		合作机制	乡村更新共同体

(资料来源:自制)

7.1　本研究的主要结论

本研究的主要结论可以总结如下:

(1)乡村人居环境建设应以推动乡村经济社会发展振兴为根本目标。百余年来,乡村因内外部多重因素而无奈遭受持续破坏:中华人民共和国成立前掠夺、兵役和战争的摧残,中华人民共和国成立后快速工业化、城镇化的剪刀差方式过度提取剩余价值,特别是 20 世纪末以来乡镇集体企业大量倒闭、城市土地财政勃兴、WTO 价格压制的多重戕害。当前乡村的种种内生性问题,特别是人居环境和经济社会的双重困境,严重制约着乡村的振兴。

因此,乡村人居环境建设作为促进乡村振兴的手段,其目标不应仅仅停留在改善人居环境本身,更应将核心目标指向尽快帮助乡村从城乡收入差距过大、社会严重衰弱的经济社会困境中解脱出来,并进入自我可持续发展的良性循环中。这是超越建筑学所谓"美丑""好坏"价值观的"第一义"。在当代背景下,只有明确了此目标,后续的乡村人居环境建设工作才会变得更有价值和意义。

(2)可以从秩序和功能的角度对乡村人居环境进行新的建筑学认知。当前研究成果中,对乡村人居环境的认知主要停留在物质类别的分类法。这不甚符合建筑学的观点和实际需要。因此,本书尝试把建筑学所关注的"秩序",从乡村人居环境中抽离出来,将之与"功能"并列,形成配合关系,然后进行新的建筑学认知解析。按照从宏观到微观的方式,将秩序分为格局、肌理、形制、形式四个层级,将功能分为面域、点域两个层级。其中,格局、肌理、面域功能对应着宏观的村域整体,而形制、形式和点域功能则对应着微观的公共建筑和农宅。本书有机更新营建策略建构的三个方面,即村域更新、公共建筑设计营造、农宅更新就是据此而来。(表7.2)

表7.2　乡村人居环境的建筑学认知体系

乡村人居环境	层级 属性	宏观(村域)		微观(公共建筑、农宅)	
	秩序	格局	肌理	形制	形式
		整体空间	建筑群体	空间单元	建筑单体
	功能	面域功能		点域功能	
		公建布点;基础设施敷设		公建、农宅内部功能	

(资料来源:自制)

(3)有机更新理念所指向的有机秩序修护、现代功能植入,能够推动乡村人居环境转化为新价值体进入新型城乡交换,从而促进乡村经济社会发展振兴。本书引用克里斯托夫·亚历山大提出的基于"整体与局部平衡"的"有机秩序"概念,以此为基点,分析了传统乡村人居环境在格局、肌理、形制、形式四个秩序层级之上的有机秩序状态,明确指出"有机秩序"是传统乡村的重要核心特征,与现代城市相比存在核心差异优势。另一方面,基于对当前国家发展背景下新型城乡交换的两个外部契机,即现代交通与信息媒介在乡村的渗透,城镇中产阶层兴起及其新需求取向的分析,认为有机秩序(核心主导)、现代功能(补充辅助)两大特征兼备的乡村人居环境将成为新价值体进入新型城乡交换体系,从而推动乡村经济发展乃至社会振兴。因此,"有机秩序修护、现代功能植入"应成为乡村人居环境更新的理念核心。而这一更新理念与城市有机更新存在着客体对象、初始条件、核心理念等方面的明显互通之处,可以将其定名为"乡村人居环境有机更新"。

(4)低度干预、本土融合、原型调适是有机更新的核心营建策略。在有机秩序修护、现代功能植入的更新理念指导下,村域整合所采用的低度干预方式,公共建筑营造所采用的本土融合方式,以及农宅更新所选用的原型调适方式,三者组成了乡村人居环境有机更新的核心营建策略。

低度干预方式包括三方面内容。在格局保育方面,应以确定村域建设发展用地边界为前提,制定自然环境综合保育政策,并从设立现代休闲农业带促进经济发展角度,在基本不变更用地性质的前提下,进行一定程度的格局调整和培育。在肌理保护方面,基于对缓慢、随机、同构、致密化、扩散性等五个肌理生成特征所决定的肌理秩序不可复制性的认识,应尽量避免现状各户宅基地的位置、形状、方向、规模等内容的调整。在功能嵌入方面,公共建筑布点应遵循严格执行发展用地边界确定结果、方便出入、聚散有序等原则,道路、水电管网等基础设施敷设也应遵循相关原则,总体上做到:在尽量减小对有机秩序不利影响的前提下,实现现代功能的植入。

本土融合方式也包含三方面内容。公共建筑单元形制的建筑体量与组成布局应与基地村落相融合;建筑形式的造型、空间、材料、构造应与基地村落、湖湘地域传统特色相融合;公共功能的服务内容、角色应与基地村落、周边村落相融合。

原型调适方式主要包含两方面。第一,原型归纳中,院落形制、建筑形式、居住功能三方面内容应与乡土性、现代性、经济性要求结合。第二,农宅原型的调适过程中应以现状农宅建筑质量评估与分类作为前提,采用"安全"与"加法"原则,通过多样模块化的菜单选择,根据农宅原型的特征谱系进行具体的调适。另外,社区微景观是乡村人居环境有机秩序的重要补充,应采用低成本、质朴美观、耐用、易维护四条原则,以重要节点、道路沿线、农宅周边等为重点进行整治,并且建立日常管理维护制度。

(5)"乡村更新共同体"是既能实现有机更新,又可推动乡村经济社会发展振兴的重要机制策略。"乡村更新共同体"的建立几乎具有必然性。这是因为,从经济成本上看,乡村普遍范围宽阔、更新过程漫长、内容庞杂,必然耗资巨大。从工作内容上看更新的要求多样,尤其是涉及众多农户,因而既有需要统筹处理的集中型问题(如公建布点设计、基础设施敷设),也有需要个别面对的分散型问题(如农宅改造更新),分散型问题的多样性与复杂性是有机更新的难点。此外,乡村现状经济条件的薄弱、社会组织的原子化现象更是加重了困难程度。因此,经济成本、工作内容两方面的复杂性深刻表明:就目前而言,若无足够多元的外力介入,乡村人居环境的更新难以实现。

关于"乡村更新共同体"架构,可能有多种,但从实践上看"韶山试验"中的这种架构效果比较好。其架构由非政府组织(华润集团)、地方政府、设计单位、村民团体四方组成。而且在各方内部的次一级架构中,应根据实际情况给予充分的考量,例如华润集团内部的驻地项目组人员就充分考虑了专业能力、地缘关系、年龄结构等因素,地方政府则应注重建立具有行政授权的具体组织并可以将村干部吸收进入等等。从工作关系上讲,共同体的多方参与者之间应以真诚、无私、信任为主要基础建立良好的合作关系,合理分配人力、物力和财力的责任与义务,共同开展长期驻村沟通、深度调研、协同设计、推进建设等多方面的人居环境更新工作内容。

此外,共同体的长期运行,还能够产生"溢出效应"。它经过适当调适整合后,很可能直接推动村民经济合作组织的建立,改变经历千年的分散型小农经济体系,开展以村民和集体增收为导向的产业帮扶(增加产品差异优势、开发新的第三产业服务等),并很可能进一步促进乡村社会自治组织与该村民经济合作组织的耦合,实现组织重塑,辅助改善基地的社会治理困境。

7.2 研究的不足与展望

本书在拓宽城乡建设发展关系的理解,及建立经济社会发展导向的乡村人居环境有机更新理念、策略上取得了一定的成果。但掩卷思来,研究中仍然存在许多不足和遗憾,今后可以有针对性的继续完善或在其他后续研究中弥补。

(1)未对"乡村更新共同体"中村民主体性相对缺失作出回应。小镇建设过程中,虽然村民团体一直应作为主体存在,但是其主体意识、主体行为的表现较为一般。其原因是多方面的。一是人群素质偏低。村民以老人和妇女等留守人群为主,文化层次和能力均有限,除非触及其自身核心利益,一般情况下并无太多主动性。二是组织离散。当地村落社会治理存在"原子化"倾向,离散的社会村民群体不容易整体发声,只有少数村干部会提出一些思路和想法。三是出资比例小。小镇作为乡村建设公益试验项目,当地农户只需承担一部分费用,因而村民心理容易倾向于接受外界意愿,所谓"拿人的手短"。

因此,村民团体在小镇更新中不自觉地将自身置于某种跟随者的位置,倚赖政府、企业及设计人员。而正是村民的倚赖心理,在一定程度上激发了这些外来介入方控制欲、控制力的扩张,压缩了村民主体性。例如,小镇公共建筑设计,村民团体除了提出社区服务中心的一些具体功能需求外,几乎没有介入,对具体建造规模、形式等没有太多发言权。实际上,这种村民主体自觉性的缺失是全国乡村当前的普遍现象,也是乡村乃至中国社会现代转型尚未完成的一个重要表征。

不论是"韶山试验"本身还是本研究,对该问题并没有给出足够的回应,更未提出有效改善的方法和途径。虽然,在乡村更新过程中,村民的主体性相对缺失问题并非单纯的建筑学问题,但它与建筑学相关工作的开展密切相关,有关这方面的研究今后值得深入探讨。

(2)建筑节能技术考量不足。节能环保已成为当今社会主流意识之一,但由于资金、可执行度等多种因素,"韶山试验"和本研究对此未能给予足够的关注。从小镇基地现状农宅中所使用的一些节能技术来看,有不少借鉴之处,例如维护结构中的空斗墙体、木构双坡小青瓦屋顶等,不仅造价低廉而且具有保温隔热的良好作用。事实上,随着中西部地区大发展,包括小镇基地在内的农民都在走向富裕,他们对居住舒适度的要求与日俱增,这可以从近年来小镇基地农宅空调安装量的明显增加上得到侧面印证。因此广大乡村中的农宅能耗可能将呈现迅速上升趋势。基于这一背景,乡村建筑节能技术,特别是应用于更新改造为主的农宅节能技术,将是未来非常值得关注和深入研究的重要方向。

(3)乡村农宅更新建设究竟应何去何从?有机秩序,作为促成当前与未来新型城乡交换体系中乡村人居环境新价值体的核心要素,其形成的根本原因,是当地建造者和使用者对乡土文化的一致认同。如果缺乏该认同,分散式个体化的建造,必定导致秩序紊乱。这种乡土文化认同是建造者和使用者群体自发的相对稳定的意识状态。从广义上讲,它包含对生产生活方式、建造方式的认同。这种共识与认同所产生的凝聚力,就像无形的力场,控制着自然环境中从建筑单元到建筑群体的经典空间与形式的表达模式,并通过不同主体个性化需求的多样表达,彼此连接融合,最终生成乡村人居环境的有机秩序。

但是,随着现代化、城市化、市场化乃至全球化的冲击,导致当前乡村中的农宅普遍存在质量、形式参差不齐的紊乱风貌状况。从因果关系上讲,这是乡村乃至社会整体的文化认同断裂、破碎的必然结局。农宅更新,究竟应该如何面对此尴尬局面?实话说,本研究所建立的"原型+调适"更新方式并不彻底,在客观上仅仅是提供了一个比较合适的方向,有许多细部的东西尚待深入探讨。因此,在转型期大背景下,农宅更新如何解决文化认同的现实困境,并能够逐渐地推动新的文化认同建立,这也是一个值得广泛深入探索的研究领域。

参考文献

A 学术期刊

[1] 陈志华. 乡土建筑研究提纲——以聚落研究为例[J]. 建筑师,1998(04):43-49.

[2] 黄立华. 日本新农村建设及其对我国的启示[J]. 长春大学学报,2007,17(1):24-28.

[3] 刘加平,谭良斌,闫增峰,等. 西部生土民居建筑的再生设计研究——以云南永仁彝族扶贫搬迁示范房为例[J]. 建筑与文化,2007(06):42-44.

[4] 刘重来. 论卢作孚"乡村现代化"建设模式[J]. 重庆社会科学,2004(1):110-115.

[5] 梁雪. 对乡土建筑的重新认识与评价——解读《没有建筑师的建筑》[J]. 建筑师,2005(03):115-117.

[6] 林毅夫. 解决三农问题的关键在于发展农村教育、转移农村人口[J]. 职业技术教育,2004(09):31-35.

[7] 聂晨. 复杂适应与互为主体——谢英俊家屋体系的重建经验[J]. 时代建筑,2009(01):78-81.

[8] 彭松. 非线性方法——传统村落空间形态研究的新思路[J]. 四川建筑,2004(02):22-25.

[9] 强百发. 韩国农协的发展、问题与方向[J]. 天津农业科学,2009,15(02):78-81.

[10] 蜕变与振兴——"乡村蜕变下的建筑因应"座谈会[J]. 建筑学报,2013(12):1-9.

[11] 魏春雨. 地域界面类型实践[J]. 建筑学报,2010(2):66-73.

[12] 魏春雨. 建筑类型学研究[J]. 华中建筑,1990(2):81-96.

[13] 王磊,孙君,李昌平. 逆城市化背景下的系统乡建——河南信阳郝堂村建设实践[J]. 建筑学报,2013(12):16-21.

[14] 王晖,肖铭. 广西融水县村落更新实践考察[J]. 新建筑,2005(04):12-16.

[15] 徐千里. 全球化与地域性——一个"现代性"问题[J]. 建筑师,2004(03):68-75.

[16] 张春单. 浅析剑桥大学建筑风格演变[J]. 建筑与文化,2009(09):101-103.

B 专著

[1] [美]阿摩斯·拉普卜特. 宅形与文化[M]. 常青,徐菁,李颖春,等译. 北京:中国建筑工业出版社,2007.

[2] [日]藤井明. 聚落探访[M]. 宁晶,译. 北京:中国建筑工业出版社,2003.

[3] [日]原广司. 世界聚落的教示100[M]. 于天祎,刘淑梅,马千里,译. 北京:中国建筑工业出版社,2003.

[4] [美]C. 亚历山大,M. 西尔佛斯坦,S. 安吉尔,等. 俄勒冈实验[M]. 赵冰,刘小虎,译. 北京:知识产权出版社,2002.

[5] [美]费正清,[美]费维恺. 剑桥中华民国史(下)[M]. 刘敬坤,译. 北京:中国社会科学出版社,2006:407.

[6] 段进,龚恺,陈晓东,等. 空间研究1:世界文化遗产西递古村落空间解析[M]. 南京:东南大学出版社,2006.

[7] 段进,揭明浩. 空间研究4:世界文化遗产宏村古村落空间解析[M]. 南京:东南大学出版社,2009.

[8] 段进,季松,王海宁. 城镇空间解析——太湖流域古镇空间结构与形态[M]. 北京:中国建筑工业出版社,2002.

[9] 费孝通. 乡土重建[M]. 长沙:岳麓书社,2012.

［10］费孝通. 江村经济［M］. 北京：北京大学出版社，2012.

［11］国务院第二次全国农业普查领导小组办公室，中华人民共和国国家统计局. 中国第二次全国农业普查资料综合提要［M］. 北京：中国统计出版社，2008.

［12］梁漱溟. 梁漱溟全集［M］. 第2版. 济南：山东人民出版社，2005：161.

［13］陆元鼎. 中国民居建筑年鉴(1988—2008)［M］. 北京：中国建筑工业出版社，2008.

［14］潘屹. 家园建设：中国农村社区建设模式分析［M］. 北京：中国社会出版社，2009：122.

［15］浦欣成. 传统乡村聚落平面形态的量化方法研究［M］. 南京：东南大学出版社，2013.

［16］王冬. 族群、社群与乡村聚落营造——以云南少数民族村落为例［M］. 北京：中国建筑工业出版社，2013.

［17］吴良镛. 人居环境科学导论［M］. 北京：中国建筑工业出版社，2001：38.

［18］魏秦. 地区人居环境营建体系的理论方法与实践［M］. 北京：中国建筑工业出版社，2013.

［19］王昀. 传统聚落结构中的空间概念［M］. 北京：中国建筑工业出版社，2009.

［20］章元善，许仕廉. 乡村建设实验(第二集)［M］. 上海：中华书局，1935.

［21］叶齐茂. 发达国家乡村建设考察与政策研究［M］. 北京：中国建筑工业出版社，2008.

［22］Andrew Oppenheimer Dean, Timothy Hursley. Rural Studio：Samuel Mockbee and an Architecture of Decency［M］. New York：Princeton Architectural Press, 2002.

［23］Hamdi N. Housing without Houses：Participation, Flexibility, Enablement［M］. New York：Van Nostrand Reinhold，1991.

［24］Jacobs J. The Death and Life of Great American Cities［M］. New York：Random House, 1961：279.

［25］Norman A Isham, Alber Frederic Brown. Early Rhode Island House［M］. Providence：Preston & Rounds, 1895.

C　学位论文

［1］段威. 浙江萧山南沙地区当代乡土住宅的历史、形式和模式研究［D］. 北京：清华大学，2013.

［2］方可. 探索北京旧城居住区有机更新的适宜途径［D］. 北京：清华大学，1999.

［3］樊敏. 哈桑·法赛创作思想及建筑作品研究［D］. 西安：西安建筑科技大学，2009.

［4］高峰. "空间句法"在传统村落外部空间系统分析中的应用——以徽州南屏村为例［D］. 南京：东南大学，2004.

［5］高峻. 基于汶川地震重建的农居建造范式及其策略研究［D］. 杭州：浙江大学，2012.

［6］林涛. 浙北乡村集聚化及其聚落空间演进模式研究［D］. 杭州：浙江大学，2012.

［7］刘肇宁. 建筑师·乡土建筑·现代营造——建筑学专业技能和地方民居有机更新嫁接的尝试［D］. 昆明：昆明理工大学，2005.

［8］王建华. 基于气候条件的江南传统民居应变研究［D］. 杭州：浙江大学，2008.

［9］王立锋. 基于山地风貌的浙江磐安白云山村聚落更新研究［D］. 杭州：浙江大学，2012.

［10］王韬. 村民主体认知视角下乡村聚落营建的策略与方法［D］. 杭州：浙江大学，2014.

［11］王雪如. 杭州双桥区块乡村"整体统一·自主建造"模式研究［D］. 杭州：浙江大学，2012.

［12］王英. 农业劳动力老龄化背景下的土地流转研究［D］. 重庆：西南大学，2012.

［13］余斌. 城市化进程中的乡村住区系统演变与人居环境优化研究［D］. 武汉：华中师范大学，2007.

［14］于慧芳. 湖州长兴新川村山地聚落空间结构与规划设计研究［D］. 杭州：浙江大学，2008.

［15］赵辉. 注重建筑伦理的建筑师［D］. 西安：西安建筑科技大学，2007.

［16］赵明.法国农村发展政策研究［D］.北京:中国农业科学院,2011.

［17］朱炜.基于地理学视角的浙北乡村聚落空间研究［D］.杭州:浙江大学,2009.

D　统计资料

［1］《嘉兴市域总体规划(2008—2020)》

［2］《中国城乡建设统计年鉴(2010)》

［3］CEIC 香港环亚经济数据有限公司(2010)

［4］中国国土资源部《全国国土资源调查评价 2011》

［5］国家统计局《2012 全国农民工监测调查报告》

［6］《中国城市发展报告 2012》

［7］《中国统计年鉴 2013》

［8］《山东省农村新型合区和新农村发展规划(2014—2030 年》

附录 1:"韶山试验"进程记录

（一）2010 年 6 月,浙江大学先后与湖南省建筑设计研究院、华润集团签署战略合作协议,"省企校"三方合作形成框架。

（二）2010 年 9 月 1 日,时任华润集团董事长宋林先生就项目相关事宜进行实地考察,华润韶山希望小镇正式列为"省企校"三方合作项目。

（三）2010 年 9 月,韶山市项目指挥部成立,项目正式启动。

（四）2010 年 10 月 28 日,浙江大学设计团队启动调研和规划设计工作。

（五）2010 年 11 月 3 日,华润韶山项目工作组成立。

（六）2010 年 12 月 26 日,毛主席诞辰 117 周年际,奠基典礼。

（七）2011 年 1 月 19 日,项目规划设计草案初审通过。

（八）2011 年 4 月 14 日,项目规划设计方案评审原则通过。同月,项目市级领导小组驻韶山乡政府,筹建韶山乡级的项目建设管理委员。浙江大学派驻设计人员以便提供现场咨询和设计服务。

（九）2011 年 5 月 17 日,韶山乡小镇建设管理委员会成立。

（十）2011 年 5—7 月,农居改造示范组团进行方案设计、实施、修改和效果验证。社区服务中心(含旅游接待中心)、小学、幼儿园、卫生院等公共建筑设计完成。

（十一）2011 年 8 月 20 日,项目正式开工。

（十二）2011 年 12 月,润农专业合作总社成立

（十三）2012 年 3 月 20 日,小镇临时党支部成立,组织重塑工作启动。

（十四）2012 年 10 月 12 日—2017 年,人居环境建设基本竣工,产业帮扶、组织重塑继续开展至今。

（注:韶山华润希望小镇浙江大学规划设计人员包括:王竹、李王鸣、贺勇、浦欣成、林涛、孙玮炜、温芳、陶伊奇、倪书雯、沈鹏飞、王立锋、叶怀仁、周雯、高沂琛、钱振澜等）

附录 2：回访笔记

缘由：2014 年 5 月笔者回访韶山乡，驻地调研约两周时间。仅此摘录一部分与当地村民有关的采访日记，作为本研究的补充资料。

2014 年 5 月 20 日

以下记录，是三家农宅改造的流变，从最初改造完工到现在已经过去了 2 年多的时间，这三家都根据自身情况进行了或准备进行再改造。

1. 李 YW 家

李 YW 家是整个华润希望小镇第一家改造的农户。该农宅建于 1990 年代初，2 层 3 开间砖混结构，屋面陈旧，但结构尚可，被列为改造对象。可以说，整个小镇民居改造的风格、造型、构造、材料、颜色等就是从李 YW 家起步探索的。2011 年 8 月该户农宅改造完成时，恰好儿子娶媳妇进门，李 YW 家人对旧宅改造都感到非常满意。但 3 年后的今天，当我回访李 YW 家时，却意外地发现，他家的院墙坍塌了一大块。事后了解，原来是李 YW 家买了小汽车，今年上半年，想把原来没有顶棚的院子改造成有屋顶的车库（造价约 3 万元）。但李 YW 家希望华润项目组为他们掏这笔钱，原因有二：①因为家里经济条件相对普通，3 万元支出不算小数目；②因为李 YW 家充分"感受到"小镇建设中户户之间不公平的补助待遇，认为自己得到的好处不如有的家庭多。

但是，华润项目组拒绝了该"无理"要求。经过几次唇枪舌剑，李 YW 家拿不到好处，一怒之下，就把院墙给砸了。他们本以为其家宅是小镇核心区位置最突出的民宅之一，砸坏了院墙，华润项目组必然会顾及小镇形象而给予补助，实现其免费改车库的愿望，但事与愿违。

李 YW 家旧宅

（资料来源：项目组）

2011 年 8 月,改造后的新宅与院墙　　　　　　**2014 年 5 月,被李家自毁的院墙**

(资料来源:项目组)

2. 李 XP 家

李 XP 在李 YW 家的南侧,两家毗连。原宅建于 2006 年左右,为 2 层 3 开间砖混结构,加侧面一间附房和院子,主房建筑质量较好,整体被列为改造房屋。

改造完成以后,李 XP 家的两个女儿,先后各买了一台小轿车。为了更好的存放,李家首先是把原来改造好的附房外墙拆除,将其变成车库,并安装卷帘门,供一辆车停放。当购置另一辆车后,为保持公平,李家不得不拆除院墙,将其改造成有顶的车库,而且不愿意再花多钱,所以未将该车库外墙粉刷。相比 2011 年刚刚改造后,视觉效果差了许多。

从现实来看,李 XP 家改造车库的行为,很可能从客观上推动了上面提到的邻居李 YW 家改造车库的想法。乡村居民之间往往喜欢攀比,例如,你家买了车,我家也必须有,你家改了有顶的车库,我家也肯定要改。如果仔细留意,经常会发现毗邻的两家农宅,檐口高度通常保持一致。这种乡村风俗不但是在小镇和韶山,而且在全国都十分普遍。

李 XP 家旧宅

(资料来源:项目组)

2011 年 8 月，改造后的新宅与院墙　　　　**2014 年 5 月，李 XP 家拆除院墙自改车库**

（资料来源：自摄）

3. 胡 LW 家

胡 LW 家旧宅建造于 1990 年代中期，结构较好，住宅正面贴了白瓷片，檐口和门头都用金色琉璃瓦做了造型压顶，这在当时是属于比较时髦的形式。但侧墙未做粉刷，附房建构也一般，因此，同样被划分为改造类型住宅。

除了主房形式改造之外，还扩建附房、新增院子、整理自留菜地。可以说，改造后，胡 LW 家若经营农家乐，其条件是相当优越的，他也曾经有这样的打算。这主要有几方面的优势：一是他的家宅改造以后，原来质量较差的附房得以重建，设置了厨房（约 30 m²）、餐厅（约 50 m²），空间足够；二是他家院墙外还有约 0.2 亩的自留地，自种新鲜蔬菜，四季基本不缺供应，而且布置合理、景观效果好；三是胡 LW 时任新村组村民组长，有一定的社会交际面，潜在的关系客户较多；四是其家宅处于韶光村的核心区组团，地理位置优越，既近邻小镇主入口，又保持有相当的缓冲空间。

胡 LW 家旧宅

（资料来源：自摄）

据华润项目组介绍，当时他们也有意扶持胡 LW 做农家乐。但是，胡 LW 家后来自行加建了 2 层侧房（与原住房毗连），一楼作为车库和储藏，二楼设置两个房间。更可惜的是，为了方便轿车进出，把自留菜地全部硬化，家宅周围变成了灰茫茫一片水泥地，既不美观，也无用处。如此一来作为农家经营的可能性几乎没有了。当我查阅了 2011 年的改造农户档案后，发现胡 LW 家当时申报的年收入在 6 万元以上，这在当时的村内是比较富裕的。或许胡 LW 家正是考虑到开办农家乐可能带来的收益增幅有限，而最终放弃了该设想。

改造后的新宅、院墙，及院墙外整洁的自留菜地
（资料来源：自摄）

改造后的大餐厅	**两年多后的自行改造**
（资料来源：自摄）	（资料来源：自摄）

2014 年 5 月 21 日

今天考察了两家农户。他们都利用改造或新建后的家宅，进行了"三产"经营的尝试。虽然两家的尝试都不持久，但都具有一定意义。今后的乡村产业，很可能不再是简单意义的农业生产，而是会更多地融入第三产业。

1. 李 SQ 家

李 SQ 家一家三口，儿子是驻港部队官兵。平时，家里只有李氏夫妇。目前，李 SQ 以开摩的为业，妻子暂时待业在家，家庭经济收入一般。

原先的老宅为两开间两层楼房，改造后侧面加了一个开间。早在小镇建设初期（2011年），李 SQ 家就提出过经营农家乐的想法，并嘱咐设计人员尽量给予设计方面的考虑。直到 2013 年初，李 SQ 家终于办起农家乐，有 2 个合伙人：李 SQ 是其中的主要股东；另一个是农业局的一位刘姓职工，后抽调进入小镇建设管委会支援工作。为了表示支持，华润项目组曾经将原来定在乡政府食堂的工作中餐，改定在他家，并且以 12 元/人的较高价格支付（当时乡政府食堂中餐标准为 10 元/人），同时将不少接待用餐业务介绍或安排到李家。

一开始，农家乐生意还不错，但后来逐渐暴露出的三方面矛盾日益激化，导致了农家乐最终关闭。

第一,合伙人内部出现矛盾。刘姓合伙人只负责出资,却几乎不管事,日常运营全部由李家负责,非常辛苦,由此造成了利润分成的不小分歧。

第二,与员工出现矛盾。起因是厨师加薪要求不合理。营业初期谈好的厨师薪水是3 500 元/月,后来见生意不错,厨师便多次强烈要求涨薪,工资也一度加到了 5 000 元/月,但其依然不满足,不断要求涨薪,这远远超过了李家的心里预期。

第三,家庭内部矛盾。李氏的妻子有洁癖,但每天进进出出的顾客难免将家里的桌椅、地面甚至墙面弄脏,其妻总是要很细致地进行清洁,每天耗费在清洁工作上的时间和精力较大,自然免不了跟丈夫抱怨,甚至向顾客表示出不满。

农家乐关闭以后,李 SQ 只得继续外出打工,其妻一段时间找不到合适的工作就一直待业。其妻原来在宾馆做卫生打扫工作,据她讲述,宾馆的卫生状况普遍堪忧,毛巾和床单等贴身织物不卫生。其每天上午 8:00～11:30,工作 3.5 h,负责打扫 20 间房间,包括清扫、整理、铺床等,因时间紧迫,无暇进行细致认真的清洁工作。今年 5 月,其妻未经华润项目组正式同意,便自行前往村民综合服务中心帮助打扫卫生,希望与其余 3 名女性职工均分2 000 元/月的卫生包干总工资(在韶山市,40 岁以上的乡村女性务工难度较大)。

在同李 SQ 的交谈中,我发现他还是非常希望能有机会开办农家乐。尽管心有不甘,但遭受一次挫折以后,他多少有些举棋不定。我告诉他,沪昆高铁韶山站即将开通,客流量将持续增加,而韶光村又是进入韶山景区的咽喉,景观基础较好,况且李家处于小镇核心组团区域,交通方便,在此办农家乐还是有希望的。他表示,他们老两口半百年纪,思路跟不上时代,等下半年儿子结婚后,希望由儿媳来操办农家乐,并打算将 1 层的 2 个房间改造成民宿。

于是,他便设想着把宅院内的花坛拆除。这真让我为老李的思维意识着急。我劝解道:花坛是华润出资进行的环境维护,已经布置得很美,虽然宽度有 1 m 多,但都是紧贴院落边界,拆除后非但增加不了多少空间,反倒会影响院子的景观。目前院子已经足以停放 4～5辆轿车,如不够,可以选择路边停放。老李这才暂时打住了拆花坛的念头。

李 SQ 家旧宅

(资料来源:项目组)

改造后的新宅、院落,及李氏夫妇
(资料来源:自摄)

为开设农家乐而改扩建的厨房及设备
(资料来源:自摄)

2. 刘 CK 家

老刘是广东省电力系统的退休工人,与老伴一起生活在村里。老两口原先的住房是一层的平房,宅基地也独处一隅。房屋改造调整后,他们的宅基地挪到了毛 XL 家的侧方,与之并排新建(其间的操办全部由其女儿代理)。

老两口住在这套新居的 1 层,女儿一家不与老人同住,因此 2 层便整层空了出来(3 个卧室,其中 2 个带独立卫生间,1 个起居室和 1 个棋牌室)。2014 年春节期间,外地赴韶山景区游客猛增。各宾馆床位较为紧张,老两口便在女儿的帮助下,布置好房间,做起了民宿的生意,先后有好几拨游客下榻。虽然是短期行为,总体收益不高,但是老两口似乎很热衷于此。

刘 CK 家旧宅

(资料来源:自摄)

刘氏老两口

(资料来源:自摄)

民宿客房

(资料来源:自摄)

2014 年 5 月 26 日

今天采访了两户农民,是一对兄弟。虽为兄弟,但两家人的经济条件,以及在小镇建设过程中的境遇、心态和表现都有很大差异。

1. 小镇最富裕的人家(新建)

胡 SH 自营一家"肠衣"制造厂,生意不错,年收入在百万元以上。有两个儿子,家用轿车四部(包括 1 辆奔驰、1 辆路虎、2 辆马自达)。目前,已在老宅基地上重建了一栋 3 层新房,宅院总占地约 4 亩,与其兄长胡 SM 合用。

宅院为半开敞式(靠村内道路一面开敞,其他三面以建筑或栅栏围合)。宅院内建有亭、桥、石雕、水车、大小两片池塘,栽种多种植物,其中 3 棵名贵树木总价值高达 24 万元(桂花树 2 棵、松树 1 棵)。宅内装修布置考究,2 层楼顶设有屋顶花园。整个宅院、建筑、装修等的总价高达数百万元。

2011 年上半年,我们项目组在设计民居改造的过程中,曾将其旧宅列为改造对象。但胡 SH 家自行否决,强烈要求拆除重建。

胡 SH 家宅院
(资料来源:自摄)

我问及其邻居,胡氏兄弟何以能够建造如此规模的宅院?他们解释说,胡 SH 的两个儿子已成年,满足分户要求,可以增加 1 户宅基地面积(按规定其中 1 子不能分户),而且其旧宅的占地面积本来就不小,再加上其兄长 1 户的宅基地,等于有 3 户宅基地,自然规模就大些。另外,由于目前在建的游客换乘中心项目征用了村里 360 多亩土地,村内原有的一些水塘也被填占,胡 SH 向村里提出能否在他家门口征用些土地,掏挖成水塘以弥补之,征地费用可以由其支付(价格为 10 万/亩),村里同意后,并协助其将土地征下,开挖水池后即成现在的规模。此后不久,胡 SH 又自行出资对水塘周边进行场地改造和装饰,并沿水塘外侧用栅栏围了起来。由于水塘的公共性质,在宅院以东靠近村内道路的一侧敞开了大约 20 m 的口子,平时乡邻们都可以随时进入院子到水塘边观赏和游玩。也算是韶光村里一处"优美"的风景。

胡 SH 的新房户型,并没有按照设计方给出的推荐户型建造,而是选择了完全自建。其墙面材料、颜色、构造等方面均与小镇民居建设的风貌保持基本一致。先前,胡 SH 原本把墙体刷成了白色,较为突兀,经过磋商,华润项目组终于说服其改变想法。当然,据华润项目组员工张某说,项目组为此私下里还是支付了较大的"代价"。更有意思的是,2012 年 10 月竣工典礼前夕,此宅尚未完工。但为了迎接竣工典礼领导们的视察，施工队加班加点，临时将油漆全部刷完，并将脚手架拆除，待典礼完成后，重新安装脚手架，继续安装窗户和封装阳台。

胡 SH 家旧宅

（资料来源：项目组）

竣工当日未完工的新宅　　　　　　　　**完工后的新宅和封闭阳台**

（资料来源：刘双双）　　　　　　　　　　（资料来源：自摄）

2. 小镇的一户贫困人家（新建）

胡 SM 家原来房子与其弟胡 SH 旧宅紧临，但属于土坯砖房，建筑质量较差。按当初政策，给予拆除新建。新建房户型是朴素的 3 开间 2 层住房。由于其贫困状况，以及住宅正处于小镇风貌核心区的重要地理位置，最终，该户住宅建安工程仅出资 4 万元（剩余约 20 万元由华润集团补助）。尽管如此，胡氏夫人却心有不平，谈及此事，她面露不满神情，告诉我，有些人家重建房子出资更少（暗指有个别户主以各种非正常手段争取到高额补助，埋怨华润执行政策不公平）！我劝解道，4 万元出资额度很低，您家已占了大便宜，应该知足。她叹口气，笑笑说："也是，毕竟有新房子，应该感到满意。"

其实，胡氏夫人所暗指的"非正常手段争取高额补助"现象是极少数的住户。而且，其中大部分是由于家庭过于贫困，支付能力极弱，但其房屋又属于危房，必须拆除，同时，时限临近小镇竣工截止日期,于是,在其他农户新建(或改造)完成后,不得已才出现了这种"赶鸭子上架"式的免费代建现象。当然,也有极其个别的农户,故意刁难、不配合,最终华润为了小镇整体的建成形象,不得不对其无理的补助要求进行"妥协"(若按规定,住宅改造每户最高补助4万,新建户最高补助8万)。

古人云"不患寡而患不均"。在分配利益时,如不注重公平,往往好事要打折扣,甚至变成坏事。胡SM家人的这种"抱怨不公"的心态,在小镇居民中并不是个别现象。但从另一方面讲,居民们得到了住房改善和经济补助两大好处,却将这些"好处"无情地缩小,而将所谓的"不公"现象过于放大。更值得注意的是,那些少数"争取"到高额补助的家庭本该低调些,但其中的一些户主总免不了要向邻居们炫耀自己的"能耐"或"幸运",从而引发了大量村民针对华润的不和谐、不合作,甚至是敌对情绪,对后续建设和产业帮扶造成了负面影响。

胡 SM 家旧宅
(资料来源:华润)

胡 SM 家新宅与新的生活
(资料来源:自摄)

2014 年 5 月 27 日

今天上午随机采访了3个村民小组的几家农户,查看建设情况以及听取他们的评价。

1. 韶光村光明组谢 G 家

谢 G 家旧宅建于 1980 年代,是 5 开间的砖木结构住宅,墙体为空斗墙体(主要属于无眠空斗墙),砖块质量较好、砌缝精密,屋顶结构完整、瓦面完好。可以说,谢 G 家旧宅是一栋质量尚好,较有乡村特色的农居,被列为 B 类建筑(不拆除,但建议改造)。

但谢 G 家主动要求把南侧的 3 个开间拆除,保留北侧的 2 个开间,目前谢 G 老夫妇两人即住于此。新建的一栋 2 层 3 开间的住宅(供子女居住),总面积为 240 m²,新宅内尚为毛坯墙体,未及装修。新建房谢 G 家总共出资近 20 万元,华润补助 4.5 万元。由于家庭经济十分有限,新建房的出资有相当一部分由其两个子女向农村信用社贷款获得,目前由子女共同还贷。

据谢 G 反映,新建住宅的建筑质量一般,2 楼楼顶有多处渗水现象,大门安装也有较大的缝隙误差。谢夫人则平静地向我反映小镇建设的某些"不公平"。她主要提到了两点:①距离小镇村民服务中心近的农户,房屋都给免费安装了纱窗和防盗窗户栅栏,他们这里没有安装;②尽管当时一再要求建造院墙,但无奈被拒(可能是资金问题)。谢夫人信仰基督教,纵然对建设有些不满,但她老人家还是心平气和,愿意接受现实。

谢 G 家旧宅改造后;偏居一隅的谢氏夫妇

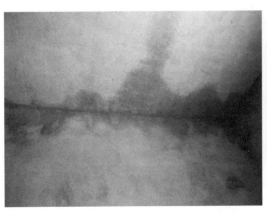

新宅 2 楼某角部的渗水点;新宅坡屋顶的内部木结构与空间

(资料来源:左上项目组,其余自摄)

2. 韶光村新村组文 GZ 家

文 GZ 家原先的旧宅是一栋 1988 年建造的 2 层 3 开间砖混楼房,时隔二十多年,地板有部分开裂现象,但结构尚可,被列为 B 类改造建筑。但文 GZ 家还是选择了原址重建(其子女均在韶山市区创办实业工厂,家庭经济条件较好),除后院和附房外,主房的宅基地面积就有 120 m² 多,主房 2 层 3 开间,1 层为大客厅、餐厅和大储藏室,2 层为 4 个卧室、1 个起居室和 2 个卫生间。目前,只有文家老夫妇俩居住。新的主房总造价约 30 万元,华润出资 70%,文家仅出资 30%(按照补助原则,这样高的补助额度是明显不合理的,但出于礼貌,我并没有询问其中的缘由)。此外,该户在缓坡之上,宅前平台下方还有一处 3 开间的平房,面积约 90 m²。

文夫人对其新住宅十分满意。她还对一楼的水磨石地面赞不绝口。她告诉我,水磨石在一层地面使用防滑、防潮效果好(因为一层地面容易泛潮,木地板容易腐烂,而地砖和瓷砖则容易打滑),耐磨损,而且造价仅约 100 元/m²,比较实惠。

文 GZ 家旧宅重建后的新宅(左侧一栋)

新宅一层的水磨石地面   从二层阳台眺望小镇村民服务中心

(资料来源:项目组)

3. 韶光村光辉组彭 LG 家

彭 LG 家原来有两处宅邸,一处被拆除建成了村级公共绿化后,两处宅邸面积合并新建,因此彭家的宅邸面积要比别家的大些,而且朝向从南向改到了西南向。彭家夫人比较务实,她告诉我:小镇建设过程中的所谓"不公平"现象完全是正常的,只能尽量减小,但不可能完全消灭,这就好比即便同是亲生子女,父母在日常生活照顾和经济馈赠方面都很难做到绝对公平,更何况是非近亲关系的上千人的大村庄。从与彭夫人的对话中,可以明显感觉到她对前新建居所的满意(其新建住宅有相当一部分费用由华润承担,可能是为了弥补其另外一处旧宅被拆迁的损失)。

有意思的是,其余人家的院门门头都根据要求刷成了灰色调,但彭家没有这么做,依然保持了红色。或许红色象征的是官商的"红顶",而彭氏最近恰恰刚刚连任了韶光村村主任,而且逢人自称是一位"生意人",讲求"投入和产出的效益"。

彭 LG 家的两处旧宅

彭 LG 家改了朝向后新建的宅邸　　　　　　**彭 LG 家一处旧宅拆除作为绿化告示区**

(资料来源:自摄)

4. 韶光村光辉组谷 PZ 家

谷 PZ 家旧宅的主房和附房质量均较好,被列为改造建筑。对主房和附房进行坡屋顶改造,外立面重新粉刷,同时在西侧增加一个车库(车库顶作为晒台)。整个改造费用接近4.5万元,华润支付了4万,谷家仅支付了4千多元。谷老夫妇向我指出一处改造后房屋的角部渗水区域,由于是附房,他们似乎也不太在意。谷老先生同样跟我谈到了小镇建设中的不公平现象。他认为华润工作人员"欺软怕硬"是造成该现象的主要原因。也就是说,对改造难度低、补偿要求不高,以及老实的、容易被说服的家庭,按"补偿规定"标准操办,对后期"难对付、难处理"的家庭往往就会(被迫)超越原先的补偿标准。

虽然,谷老先生表达了这些问题和现象,但临别时,他还是很高兴地对我说,他本人对自家房屋改造的满意度有90分。

谷 PZ 家旧宅

(资料来源:华润集团)

谷 PZ 家新宅

(资料来源:自摄)

新宅内渗水现象

(资料来源:自摄)

5. 韶光村光辉组沈 YP 家

沈 YP 家旧宅位于光辉组与光明组接壤的交叉路口。当初,该交叉路口作为村庄内部的重要节点,其四个角部均有建筑占据,空间视觉较为封闭,同时机动车辆拐弯也存在较严重的视线遮挡。因此,小镇建设过程中,决定将沈家旧宅拆迁(一起拆迁的还有上面提到的彭 LG 家的那处旧宅)。

　　同时,小镇将新村组与光辉组接壤的坡地区域征用,新建了 5 套农宅。并将沈家新家安置其中。户型为 2 层 4 开间,包含 1 车库、1 露台、1 附房、1 开敞式院子。沈女士感到非常满意。她虽然是个农民,但是看上去文雅,特别喜欢花草植物,家里阳台和宅前花坛种植了各种各样的花卉。平日,儿子和丈夫都在外地打工,她自己就在村里担任环境卫生工作,负责小学和幼儿园片区,工作时间一般是早上和傍晚各 2 小时。每月工资 900 元左右。

沈 YP 家的旧宅

(资料来源:华润集团)

择址新建的宅邸

(资料来源:自摄)

沈 YP 家新宅前的花坛

(资料来源:自摄)

沈 YP 家旧宅现为活动小广场

(资料来源:自摄)

致　　谢

当在键盘上敲下这最后几个字符，我明白，人生中很重要的一篇论著终于在几经波折后完稿了。

回想在导师王竹教授指导下，自硕士阶段开始接触乡村人居环境研究方向。从当初的轻描淡写，到后来的茫然无措，再到现在的五味杂陈。隐约感到，有关乡村的一切正在慢慢融入我的事业、生活与内心。或许，这是一种宿命。

王竹教授不仅为我开启了学术生涯，而且一路陪伴，悉心指点，既包容和斧正我的缺点，也鼓励和支持我的个人理想与爱好。他始终是我专业学习和学术成长过程中最重要的引导者和支持者。师恩深重，无以言表。也特别感谢师母王玲女士在精神与生活上给予的长期关怀。

本书的完成得到了黄祖辉、李王鸣、郭红东、阮建青、贺勇、华晨、葛坚、王洁、张红虎、浦欣成、裘知等诸位教授的宝贵指点，也得到了王恒彦、徐广彤、俞宁等农经专业学兄的无私帮助。感谢林涛、孙炜玮、温芳、陶伊奇、倪书雯、沈鹏飞、王立锋、叶怀仁、周雯、高沂琛的支持。在写作期间也得到了陈雪芳、路琳琳等学校领导的周到关怀。

此外，本书的完成离不开华润集团、湖南韶山地方政府相关人士的帮助。十分感谢时任华润集团董事长宋林、华润慈善基金会主席朱金坤、华润韶山驻地项目组冯凯、罗光楚、宋旭东、陆锡飞、易强、杨宇鹏；时任韶山市市长向敏、韶山市统战部长张湘平、韶光村主任彭罗庚、大学生村官邓彬。

最后，本书特别献给我的父母亲，也献给那片曾经养育他们，却永远消逝在滚滚城市化浪潮中的江南水乡。

钱振澜

2017 年 10 月 1 日于浙大紫金港月牙楼